Basiswissen Ingenieurmathematik
Band 3

Georg Schlüchtermann · Nils Mahnke

Basiswissen Ingenieurmathematik Band 3

Lineare Algebra 2: Determinante, Eigenwerte, lineare Abbildungen auf Euklidischen Vektorräumen

Springer Vieweg

Georg Schlüchtermann
Fakultät für Maschinenbau,
Fahrzeugtechnik und Flugzeugtechnik
Hochschule München
München, Deutschland

Nils Mahnke
FOM Fachschule für Oekonomie und
Management gGmbH
Hochschulstandort Hamburg
Essen, Deutschland

ISBN 978-3-658-39599-5 ISBN 978-3-658-39600-8 (eBook)
https://doi.org/10.1007/978-3-658-39600-8

Die Deutsche Nationalbibliothek verzeichnet diese Publikation in der Deutschen Nationalbibliografie; detaillierte bibliografische Daten sind im Internet über http://dnb.d-nb.de abrufbar.

Cartoons von Mikaado-Grafikdesign, Stelle, Deutschland

Planung/Lektorat: Eric Blaschke
Springer Vieweg ist ein Imprint der eingetragenen Gesellschaft Springer Fachmedien Wiesbaden GmbH und ist ein Teil von Springer Nature.
Die Anschrift der Gesellschaft ist: Abraham-Lincoln-Str. 46, 65189 Wiesbaden, Germany

Vorwort

Mit diesem dritten Band in der Reihe zur Ingenieurmathematik schließen wir den Bereich der linearen Algebra vorerst ab. Im zweiten Band hatten wir die Grundlagen zur Theorie der Matrizen und linearen Abbildungen gelegt. Dieser dritte Band baut auf den Inhalten des zweiten Bandes auf und mit Hilfe der Anschauung werden weitere grundlegende Konzepte der linearen Algebra eingeführt.
Die in diesem Band behandelten Inhalte legen die Grundlagen, welche einen bedeutenden Bestandteil eines Lehrkanons an Fachhochschulen bilden. Da die lineare Algebra gerade für technische Anwendungsgebiete oft den ersten Zugang zu Berechnungen darstellt, besitzen die in diesem Band behandelten Konzepte der linearen Algebra eine hohe Relevanz in der Ingenieurausbildung. Natürlich kann dieser dritte Band auch für das universitäre Umfeld oder für Mathematiker als Nachschlagewerk und Auffrischung gute Dienste leisten.
Der in diesem Band behandelte Anteil der linearen Algebra zeigt, wie relativ abstrakt aufgestellte Begriffe eine natürliche Anwendung für die praktischen Arbeiten in Physik und Ingenieurwissenschaft besitzen, welche dann in der technischen Grundlagenausbildung so wie in hochaktuellen Gebieten, wie z. B. der künstlichen Intelligenz, Eingang finden.
Auch dieser Band zur Ingenieurmathematik hat zum Ziel, das nachhaltige Lernen zu fördern. Wie bereits bei den vorher erschienenen Bänden werden wir damit auch hier Hinweise geben, wie man mit dem Stoff umgehen und gleichzeitig das Erarbeitete so erlernen kann, dass es nicht nach der ersten Prüfung in Vergessenheit gerät.

Mit der Mathematik als Sprache der Formulierung naturwissenschaftlicher und quantitativer Zusammenhänge erlernt man die Kompetenz des analytischen und abstrakten Denkens. Um dieses Können zu erlangen ist es notwendig, sich den Stoff zu erarbeiten, ihn zu begreifen und die not-

wendigen Zusammenhänge herzustellen. Ein bloßes Reproduzieren oder Auswendiglernen ist für nachhaltiges Erlernen von Mathematik fehl am Platze.
Die Erfahrung zeigt, dass man sich viele mathematische Themen nicht „nebenher" erarbeiten kann. Für das Lernen empfiehlt es sich, ein ruhiges Umfeld zu schaffen und zeitlich unabhängig zu sein. Sicher lassen sich einige Ergebnisse schnell nachlesen, aber das Entwickeln eines Grundverständnisses verlangt nach einer Umgebung, welche die eigene Konzentration fördert.
Sobald man sich einen Teil des Stoffes erarbeitet hat und meint, ihn begriffen zu haben, ist es sinnvoll, mit Fragen und Aufgaben das Erlernte zu testen. So bilden die **Kurzaufgaben zum Verständnis** in diesem Band und die **Übungen** eine gute Gelegenheit zur Eigenkontrolle.
Lösungen zu den **Kurzaufgaben zum Verständnis** sind in diesem Band enthalten. Lösungen zu den **Übungen** haben wir absichtlich ausgelagert, da viele Lernende nach unserer Erfahrung leider zu schnell nach Lösungen zu den Übungsaufgaben fragen. Dieses Verhalten basiert i. A. auf der irrigen Annahme, dass man mit Mustererkennung alle Übungen und vor allem dann auch Klausuren lösen könnte und widerspricht dem Grundsatz des nachhaltigen Lernens.
Wir haben in diesem Band auch wieder einige Probeklausuren beigefügt, die nach Schwierigkeitsgrad bzw. zeitlichem Umfang gestaffelt sind. Die Probeklausuren dienen zur Orientierung und ersetzen in keinster Weise die notwendige Beschäftigung mit den mathematischen Inhalten.
Den Stoff muss man, wie Francis Bacon einmal treffend bemerkte „kauen und verdauen". Ein bloßes Nippen und kurzes Wiederkäuen reicht nicht.

Mathematisches Lernen ist ein Prozess der eigenen Entwicklung und hat man sich erst einmal bezwungen, so wird man auch die Freude und Leidenschaft anderer an diesem schönen Teilgebiet der Mathematik nachvollziehen können. Wir wünschen Ihnen, dass Ihre Beschäftigung mit dem Gebiet der linearen Algebra und dessen Anwendungen Freude am Denken bereiten möge.

Unser besonderer Dank gilt Mikaado-Grafikdesign Monika Mahnke für das Erstellen der mathematischen Comics zu unserem Lehrbuch und Herrn Blaschke für das detaillierte Lektorat.

Prof. Dr. Nils Mahnke Hamburg und München, im März 2023
Prof. Dr. Georg Schlüchtermann

Inhaltsverzeichnis

1. Einleitung

Sage es mir, und ich werde es vergessen. Zeige es mir, und ich werde es vielleicht behalten. Lass es mich tun, und ich werde es können.

Konfuzius (551 - 479 v. Chr.)

Die Themen der linearen Algebra, welche in diesem Band behandelt werden, schließen an die im zweiten Band eingeführten an und vervollständigen das notwendige mathematische Ingenieurwissen zur linearen Algebra.
Hatten wir im zweiten Band die Vektorräume, Matrizen und linearen Abbildungen kennengelernt, so werden wir hier das Wissen über diese Objekte vertiefen und wesentliche Konzepte, wie Determinanten und Eigenvektoren, behandeln. Beide Konzepte werden in anderen Teilgebieten der Mathematik, wie den gewöhnlichen Differenzialgleichungen, noch eine entscheidende Rolle spielen.
Nach der Einleitung werden wir den quadratischen Matrizen eine Zahl zuordnen, die "Determinante" genannt wird. Wir werden zunächst heuristisch die Determinante einführen und wesentliche Eigenschaften begründen. Erst danach geben wir eine formale Definition der Determinante an und leiten nützliche Beziehungen und Formeln her.
Der darauf folgende und letzte Abschnitt zur Determinante wird einen ersten Zusammenhang mit der Anschauung liefern. War die Definition der Determinante recht formal und scheinbar willkührlich gewählt, so erkennt man nun, dass der absolute Wert der Determinante nichts anderes darstellt, als das Volumen des Bildes vom Einheitswürfel unter einer linearen Abbildung. Im dreidimensionalen Fall führt diese Betrachtung auf das Volumen des Spats, was für so manche Anwendung z. B. in der technischen Mechanik von Bedeutung ist.

G. Schlüchtermann und N. Mahnke, *Basiswissen Ingenieurmathematik Band 3*, https://doi.org/10.1007/978-3-658-39600-8_1

Im dritten Kapitel treffen wir auf ein einerseits sehr anschauliches Konzept, welches durch die Frage „Gibt es für eine Matrix einen Nichtnullvektor, dessen Bild unter der Matrix die Richtung beibehält?“ motiviert wird. Solche zu einer Matrix gefundenen Vektoren nennt man „Eigenvektoren“ und den zugeordneten Streckungsfaktor den „Eigenwert“. Beispiele hierfür gibt es viele. So besitzt die bereits in der Schule behandelte Achsenspiegelung, welche auch durch eine Matrix dargestellt werden kann, solche Eigenvektoren: Vektoren der Spiegelachse sowie die Senkrechten dazu, welche unter Spiegelung jeweils ihre Richtung beibehalten.

Das Konzept von Eigenvektoren und Eigenwerten wird folglich in diesem Kapitel untersucht werden, zumal es sich innerhalb der Mathematik und vielen Anwendungsbereichen der Physik und Ingenieurwissenschaften als äußerst bedeutsam erweist. Das Kapitel schließt mit der Darstellung einer Matrix bezüglich einer Basis aus Eigenvektoren , was allgemein dem Abschnitt der Basistransformation zuzuordnen ist und auf die Diagonalisierung bzw. Triagonalisierung einer Matrix führt.

Das letzte Kapitel beschäftigt sich mit den sogenannten euklidischen Vektorräumen und mit speziellen linearen Abbildungen auf diesen, da gerade in den modernen Anwendungsbereichen der Physik und der höheren Mechanik, der Umgang mit solchen Abbildungen auf euklidischen Vektorräumen zur Tagesordnung gehört. Zu diesen Abbildungen zählen u. a. die Klassen der „orthogonalen“, „selbstadjungierten“ oder „hermiteschen“ und „normalen“ Abbildungen, deren allgemeine Darstellungen durch Matrizen sich dann wieder mithilfe der zugehörigen Eigenwerte bzw. Eigenvektoren charakterisieren lassen.

Wie der erste und der zweite Band dieser Reihe zur „Ingenieurmathematik“ so richtet sich auch dieser vor allem an Studierende und Lehrende an Fachhochschulen und Universitäten, die nicht hauptsächliche an einem reinen Mathematikstudium interessiert sind, weshalb wir Beweise immer nur dann angeben, wenn sie unserer Meinung nach zu einer tieferen Einsicht oder einem besseren Methodenverständnis beitragen können.

Wir haben wie in den Bänden 1 und 2 wieder jeden größeren Abschnitt mit Kurzaufgaben zum Verständnis und einer Reihe von Übungsaufgaben abgeschlossen.

Die Aufgaben in den Übungen zu den einzelnen Kapiteln wurden auch in diesem Band wieder subjektiv nach ihren Schwierigkeitsgraden in die folgenden Klassen (Kl) eingeteilt [1] :

Kl A: Routineaufgaben, die aber auch methodisch aufwendig sein können.

Kl B: Aufgaben, die mittels der behandelten Sätze lösbar sind, aber ein erweitertes Verständnis erfordern.

Kl C: Aufgaben, die zusätzlich (zu den Anforderungen in B:) oft eine Idee und den richtigen Überblick erfordern.

Kl D: Aufgaben, zu deren Lösung ein tiefes Verständnis, ein sehr guter Überblick und viel Phantasie erforderlich sind.

Die Einbindung von Anforderungen auf den D-Niveau, soll hier vor allem deutlich machen, dass Mathematik zwar Rechenformalismen verwendet aber schlussendlich sich in einem viel umfassenderen Kontext abspielt.

Wer also erst einmal ein Grundverständnis zu den einzelnen Themengebieten erlangen möchte, kann gerne die Aufgaben auf D-Niveau für später aufsparen und sich erst einmal schrittweise den Aufgaben der Klassen A bis C zuwenden.

Lösungen zu den Kurzaufgaben zum Verständnis und Probeklausuren zum Selbsttest beschließen diesen Band.

[1] Im Angelsächsischen werden die gegebenen Einteilungen auch gerne wie folgt bezeichnet: A: „Allright“ B:„Best Practice“ C: „Challenging“ D: „Deep Thinking“

2. Determinante

Alle Pädagogen sind sich darin einig:
Man muß vor allem tüchtig Mathematik treiben,
weil ihre Kenntnis fürs praktische Leben
größten direkten Nutzen gewährt.

Felix Klein (1849 - 1925)

In Band 2 zur Linearen Algebra [SM02] haben wir die Struktur der Matrizen eingeführt und diese insbesondere im Zusammenhang mit linearen Gleichungssystemen und linearen Abbildungen betrachtet. Das erste Ziel diese Kapitels wird sein, eine spezielle Eigenschaft von Matrizen zu untersuchen. In eindeutiger Weise ist es nämlich möglich, jeder quadratischen Matrix eine Zahl zu zuordnen. Dabei werden wir die Definition dieser Zahl heuristisch herleiten, dann stringent definieren und schließlich zeigen, dass diese Matrizen-Zahl-Zuordnung bestimmte unverwechselbare und sehr nützliche Eigenschaften besitzt.
Es war G. W. Leibniz der das Konzept der Matrizen-Zahl-Zuordnung bei quadratischen Matrizen als Erster zum Lösen von linearen Gleichungssystemen verwendete und dies Marquis de l'Hospital in einem Brief vom 28.4.1693 vorstellte.
Wiederentdeckt wurde diese Zuordnung vom Schweizer G. Cramer (Cramer'sche Regel), der seine Arbeit dazu 1750 veröffentlichte und es war (wieder einmal) C. F. Gauß der dem Objekt, nämlich der Zahl zur quadratischen Matrix, den Namen *Determinante* verlieh.

Zuerst werden wir Methoden kennenlernen, wie man Determinanten bestimmt und dabei, wie angekündigt, die Determinante heuristisch einführen. Im dritten Abschnitt wird die Determinanten dann formal defi-

G. Schlüchtermann und N. Mahnke, *Basiswissen Ingenieurmathematik Band 3*, https://doi.org/10.1007/978-3-658-39600-8_2

niert, und es wird sich zeigen, dass die heuristische Definition die einzig mögliche war. Wer vornehmlich an den Anwendungen der Determinante interessiert ist, kann also gerne den dritten Abschnitt überspringen und sich dem vierten Abschnitt direkt zuwenden.
Bei allen Betrachtungen werden wir uns zur Vereinfachung auf den Fall $\mathbb{K} = \mathbb{R}$ beschränken. Die Aussagen im Kapitel gelten dabei entsprechend auch für den komplexen Fall.

2.1 Heuristische Definition und erste Eigenschaften

Die eingangs benannte Matrizen-Zahl-Zuordnung war G. W. Leibniz aufgefallen, als er die allgemeine Lösung von $(2,2)$-LGS [1] untersuchte. Wir werden denselben Weg gehen und beginnen mit dem folgenden LGS

$$\begin{aligned} a \cdot x_1 + b \cdot x_2 &= e \\ c \cdot x_1 + d \cdot x_2 &= f \end{aligned} \tag{2.1}$$

$a, b, c, d \in \mathbb{R}$ sind die Komponenten der Koeffizientenmatrix, $x_1, x_2 \in \mathbb{R}$ die zugehörigen Variablen und $e, f \in \mathbb{R}$ die Ergebniskomponenten.
Bestimmt man schrittweise die allgemeine Lösung des LGS (2.1) und lässt dabei Sonderfälle, in denen Nenner gleich null werden, außer acht, erhält man

$$x_1 = \frac{e \cdot d - b \cdot f}{a \cdot d - b \cdot c}, \quad x_2 = \frac{a \cdot f - c \cdot e}{a \cdot d - b \cdot c} \tag{2.2}$$

Vergleicht man die Lösungen x_1 und x_2, so fällt sofort auf, dass beide durch Quotienten mit gleichem Nenner, $(a \cdot d - b \cdot c) \in \mathbb{R}$, gegeben sind. Sollte für diesen Nenner gelten $a \cdot d - b \cdot c = 0$, so kann das LGS keine bzw. keine eindeutige Lösung besitzen.
Da zudem der Nennerwert $D := a \cdot d - b \cdot c$ nur aus den Komponenten der Koeffizientenmatrix

$$\mathcal{A} = \begin{pmatrix} a & b \\ c & d \end{pmatrix}$$

berechnet wird, bestimmt (*determiniert*) dieser Wert $D \in \mathbb{R}$, welcher so der Koeffizientenmatrix $\mathcal{A}$ zugeordnet wird, die Lösbarkeit des LGS (2.1).

[1] LGS: Lineares Gleichungssystem

Definition 2.1.1. *(Determinante einer* (2×2)*-Matrix)*
Sei $\mathcal{A} \in M(2 \times 2, \mathbb{R})$ *gegeben durch*

$$\mathcal{A} = \begin{pmatrix} a & b \\ c & d \end{pmatrix}$$

Dann ist die **Determinante** *von* $\mathcal{A}$ *definiert als*

$$\det(\mathcal{A}) := a \cdot d - b \cdot c$$

Bemerkung 2.1.1. *(Schreibweisen)*
Für die Determinante der Matrix $\mathcal{A}$ *aus Definition 2.1.1 existieren die folgenden alternativen Notationen:*

$$\det(\mathcal{A}) = |\mathcal{A}| = \begin{vmatrix} a & b \\ c & d \end{vmatrix}$$

Wie wir in (2.2) gesehen haben, sagt $\det(\mathcal{A}) \neq 0$ aus, dass das zugehörige LGS eine eindeutige Lösung besitzen muss.
Diese ist aber, wie in [SM02] behandelt, gleichbedeutend damit dass die Matrix $\mathcal{A}$ regulär ist, da sie dann vollen Rang besitzt.
Damit eignet sich die Berechnung der Determinante sofort als Methode zur Bestimmung der Regularität einer Matrix.

Um diesen Zusammenhang aufzuzeigen, also den Rang von $\mathcal{A}$ zu bestimmen, beginnen wir wieder mit der Matrix $\mathcal{A} \in M(2 \times 2, \mathbb{R})$ aus Definition 2.1.1.
Dazu unterscheiden wir drei verschiedene Fälle in ihren Voraussetzungen und Ergebnissen. Für ein tieferes Verständnis sollte jeder die drei Fälle unbedingt einmal selber nachprüfen.

1. Fall: Zuerst sei $a \cdot c \neq 0$. Dann ist $\operatorname{rg}(\mathcal{A}) = 2$ genau dann, wenn

$$ad - bc \neq 0 \Leftrightarrow ad \neq bc.$$

2. Fall: Gilt $a = 0 = c$, so ist $\operatorname{rg}(\mathcal{A}) \leq 1 < 2$ ($\Rightarrow ad - bc = 0$).

3. Fall: Ist $a \neq 0 = c$, so ist $\operatorname{rg}(\mathcal{A}) = 2 \Leftrightarrow ad - bc = ad \neq 0$.

Damit sehen wir

$$\operatorname{rg}(\mathcal{A}) = 2 \Leftrightarrow ad - bc = \det(\mathcal{A}) \neq 0 \tag{2.3}$$

Um dieses erfolgreiche Konzept der Determinante einer (2×2)-Matrix auf $(n \times n)$-Matrizen mit $n \geq 3$ übertragen zu können, führen wir zuerst den Begriff der Untermatrix ein.

Definition 2.1.2. *(Untermatrix)*
Für eine gegebene Matrix $\mathcal{A} \in (n \times n, \mathbb{R})$ bezeichnet die Matrix

$$U_{ik}(\mathcal{A}) \in M((n-1) \times (n-1), \mathbb{R})$$

diejenige **Untermatrix**, *welche entsteht, wenn man die i-te Zeile und die k-te Spalte der Matrix $\mathcal{A}$ streicht ($i, k \in \{1, \ldots, n\}$).*

Beispiel 2.1.1.

$$\mathcal{A} = \begin{pmatrix} 1 & 2 & 3 \\ 4 & 5 & 6 \\ 7 & 8 & 9 \end{pmatrix} \Rightarrow U_{23}(\mathcal{A}) = \begin{pmatrix} 1 & 2 & \cancel{3} \\ \cancel{4} & \cancel{5} & \cancel{6} \\ 7 & 8 & \cancel{9} \end{pmatrix} = \begin{pmatrix} 1 & 2 \\ 7 & 8 \end{pmatrix}$$

Die Untermatrizen vereinfachen die Notation der Determinante einer (3×3)-Matrix, wobei die Determinante einer Untermatrix einer gegebenen quadratischen Matrix $\mathcal{A}$ auch als **Unterdeterminante** bezeichnet wird.

Formal lässt sich für eine allgemeine Matrix $\mathcal{A} = (a_{ij})_{3,3}$ deren voller Rang durch (mühsame) Fallunterscheidungen bestimmen.
Wir werden diesen mühsamen Weg hier nicht gehen und geben lediglich den dabei auftretenden Determinantenterm an:

$$\begin{aligned} \det(\mathcal{A}) &= a_{11}(a_{22}a_{33} - a_{23}a_{32}) - a_{12}(a_{21}a_{33} - a_{23}a_{31}) \\ &\quad + a_{13}(a_{21}a_{32} - a_{22}a_{31}) \\ &= \Big(a_{11}a_{22}a_{33} + a_{12}a_{23}a_{31} + a_{13}a_{21}a_{32}\Big) \\ &\quad - \Big(a_{31}a_{22}a_{13} + a_{32}a_{23}a_{11} + a_{33}a_{21}a_{12}\Big) \\ &= \sum_{k=1}^{3} (-1)^{k+1} \cdot a_{1k} \cdot \det\left(U_{1k}(\mathcal{A})\right) \end{aligned} \tag{2.4}$$

und es folgt analog zu (2.3)

$$\operatorname{rg}(\mathcal{A}) = 3 \Leftrightarrow \det(\mathcal{A}) \neq 0$$

In Gleichung (2.4) wurde der Fall $n = 3$ auf den Fall $n = 2$ zurückgeführt, den wir eingangs behandelt haben. Diese Gleichung ist auch bekannt als die *Regel von Sarrus* [2]:

[2] Der Namen „Sarrus“ wird oft im Deutschen so ausgesprochen wie er geschrieben wird. Korrekt ist aber, da die Regel dem französischen Mathematiker Pierre Frédéric Sarrus (1798-1861) zuzuordnen ist, die französische Aussprach als „Sarrü“.

Satz 2.1.1. *(Regel von Sarrus)*
Sei $\mathcal{A} \in M(3 \times 3, \mathbb{R})$ mit $\mathcal{A} = (a_{ij})_{3,3}$. Dann berechnet sich die Determinante von $\mathcal{A}$ nach der **Regel von Sarrus** *wie folgt:*

$$\det(\mathcal{A}) = \begin{vmatrix} a_{11} & a_{12} & a_{13} \\ a_{21} & a_{22} & a_{23} \\ a_{31} & a_{32} & a_{33} \end{vmatrix} = \Big(a_{11}a_{22}a_{33} + a_{12}a_{23}a_{31} + a_{13}a_{21}a_{32}\Big) - \Big(a_{31}a_{22}a_{13} + a_{32}a_{23}a_{11} + a_{33}a_{21}a_{12}\Big)$$

Bemerkung 2.1.2.
Für die methodische Anwendung der Regel von Sarrus ist es oft hilfreich, die ersten zwei Spalten der Matrix rechts neben der Determinante zu notieren und dann die zu summierenden Produkte aus den Diagonalen zu bestimmen:

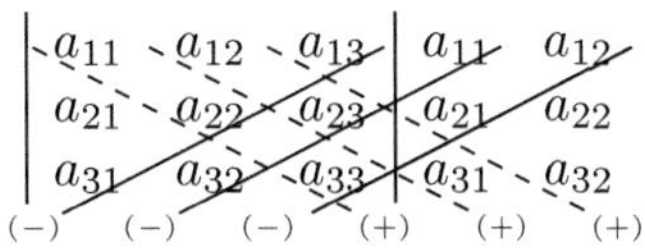

Dabei werden die Produkte aus den Diagonalen von links-oben nach rechts-unten addiert und die Produkte aus den Diagonalen von links-unten nach rechts-oben subtrahiert.

Aus diesen Überlegungen können wir nun eine allgemeine Definition der Determinante angeben. Später werden wir sehen, dass diese Definition mit der formalen übereinstimmt.

Definition 2.1.3. *(Determinante)*
Sei $\mathcal{A} \in M(n \times n, \mathbb{R})$ mit $\mathcal{A} = (a_{ij})_{n,n}$. Die **Determinante** *von $\mathcal{A}$ (in Zeichen „$\det(\mathcal{A})$“ oder „$|\mathcal{A}|$“) ist eine reelle Zahl, die berechnet wird*

1. *für $n = 2$:* $\det(\mathcal{A}) = a_{11}a_{22} - a_{12}a_{21}$
2. *für $n \geq 3$ rekursiv:* $\det(\mathcal{A}) = \sum_{k=1}^{n}(-1)^{k+1} \cdot a_{1k} \cdot \det\left(U_{1k}(\mathcal{A})\right)$

Bemerkungen 2.1.3.

1. *Da in Definition 2.1.3 (2.) über Produkte summiert wird, in denen als Faktoren die Komponenten der ersten Zeile der Matrix $\mathcal{A}$ auftreten (a_{1k}, $k = 1, \ldots, n$), sagt man auch, dass hier die Determinante „nach der ersten Zeile von $\mathcal{A}$ entwickelt“ wurde.*
2. *Im Fall $n = 1$, d. h. $\mathcal{A} = (a)$, ist übrigens $\det(\mathcal{A}) = a$.*

Bevor wir nach der Definition fortfahren, noch schnell ein Beispiel zur Berechnung einer Determinante:

Beispiel 2.1.2.

$$\begin{aligned}\det(\mathcal{A}) &:= \begin{vmatrix} 1 & 2 & 3 \\ 4 & 5 & 6 \\ 7 & 8 & 9 \end{vmatrix} \\ &= 1 \cdot \begin{vmatrix} 5 & 6 \\ 8 & 9 \end{vmatrix} - 2 \cdot \begin{vmatrix} 4 & 6 \\ 7 & 9 \end{vmatrix} + 3 \cdot \begin{vmatrix} 4 & 5 \\ 7 & 8 \end{vmatrix} \\ &= 1 \cdot 5 \cdot 9 - 1 \cdot 6 \cdot 8 - 2 \cdot 4 \cdot 9 + 2 \cdot 6 \cdot 7 + 3 \cdot 4 \cdot 8 - 3 \cdot 5 \cdot 7 \\ &= 0\end{aligned}$$

Auch wenn wir in Definition 2.1.3 bereits die Determinante für Matrizen $\mathcal{A} \in M(n \times n, \mathbb{R})$, mit $n = 3, 4, 5, 6, \ldots$, vorweggenommen haben, sollen Berechnungen der Determinanten von Matrizen mit $n > 3$ erst nach der formalen Betrachtung in Beispielen behandelt werden, sobald uns nämlich der *Laplace'sche Entwicklungssatz* vorliegen wird.
Vorher werden wir weitere Berechnungsmethoden sowie verschiedene allgemeine Eigenschaften der Determinante einer Matrix $\mathcal{A} \in M(n \times n, \mathbb{R})$ angeben.

2.2 Berechnungsmethoden und zentrale Eigenschaften

Beim Arbeiten mit Determinanten ist es günstig, die zur Determinante gehörenden wichtigsten Sätze zu kennen. In diesem Abschnitt führen wir jetzt einige dieser Sätze über Determinanten an, die wir hier aber noch nicht beweisen. Die korrekten Herleitungen und Beweise finden sich dann im nächsten Abschnitt.
Beginnen wir mit den ersten zwei fundamentalen Sätzen:

Satz 2.2.1. *(Determinante der Transponierten)*
Sei $\mathcal{A} \in M(n \times n, \mathbb{R})$. Dann gilt

$$\det(\mathcal{A}) = \det\left(\mathcal{A}^T\right)$$

Eine erste offensichtliche Konsequenz aus Satz 2.2.1 ist, dass sich die Determinante, so wie sie in Definition 2.1.3 (*2.*) gegeben ist, auch berechnen lässt, indem man nicht nach der ersten Zeile, sondern nach der ersten Spalte entwickelt.

Satz 2.2.2. *(Der Produktsatz)*
Seien $\mathcal{A}, \mathcal{B} \in M(n \times n, \mathbb{R})$. Dann gilt der **Produktsatz**

$$\det(\mathcal{A} \cdot \mathcal{B}) = \det(\mathcal{A}) \cdot \det(\mathcal{B})$$

Der Produktsatz wird im Folgenden immer wieder zur Anwendung kommen und es sei angemerkt, dass in der Bestimmungsgleichung des Produktsatzes aus einer Matrizenmultiplikation auf der linken Seite eine normale Multiplikation in $\mathbb{R}$ auf der rechten Seite wird und umgekehrt.

Die Determinante erlaubt es zudem, die *Adjunkte*, $\mathrm{ad}(\mathcal{A})$ zu einer Matrix $\mathcal{A} \in M(n \times n, \mathbb{R})$ einzuführen. Mit Hilfe der Adjunkten einer regulären Matrix lässt sich z. B. die Inverse dieser Matrix direkt berechnen.

Definitionen 2.2.1. *(Kofaktormatrix und Adjunkte)*
Es sei $\mathcal{A} = (a_{ij})_{n,n} \in M(n \times n, \mathbb{R})$. Man definiert die folgenden mit einem Vorzeichen versehenen Unterdeterminanten von $\mathcal{A}$

$$a_{ij}^* = (-1)^{i+j} \det(U_{ij}(\mathcal{A})), \quad 1 \leq i, j \leq n$$

Dann nennt man

$$\mathrm{Cof}(\mathcal{A}) = (a_{ij}^*)_{n,n} \in M(n \times n, \mathbb{R})$$

die **Kofaktormatrix** *und*

$$\mathrm{ad}(\mathcal{A}) = (\mathrm{Cof}(\mathcal{A}))^T$$

die **Adjunkte** *zu $\mathcal{A}$.*

Mit Hilfe der Adjunkten lässt sich, wie schon erwähnt, die Inverse einer regulären Matrix bestimmen. Der Zusammenhang zwischen Adjunkter und inverser Matrix ist im folgenden Satz formuliert, welcher vor allem bei invertierbaren (2×2)-Matrizen Anwendung findet.

Satz 2.2.3.
Für eine invertierbare Matrix $\mathcal{A} \in \mathrm{GL}(n)$ gilt [3]

$$\mathcal{A}^{-1} = (\det(\mathcal{A}))^{-1} \cdot \mathrm{ad}(\mathcal{A})$$

[3] $\mathrm{GL}(n)$ bezeichnet die „General Linear Group“ der $(n \times n)$-Matrizen, siehe [SM02].

Bemerkungen 2.2.1.

1. *Für eine Matrix* $\mathcal{A} \in \mathrm{GL}(2)$ *berechnet sich die Inverse von* $\mathcal{A}$ *nach Satz 2.2.3 wie folgt*

$$\mathcal{A} = \begin{pmatrix} a & b \\ c & d \end{pmatrix} \Rightarrow \mathrm{ad}(\mathcal{A}) = \begin{pmatrix} d & -b \\ -c & a \end{pmatrix}$$

$$\Rightarrow \mathcal{A}^{-1} = \frac{1}{a \cdot d - b \cdot c} \begin{pmatrix} d & -b \\ -c & a \end{pmatrix}$$

2. *Sei* $\mathcal{A} = (a_{ij})_{n,n} \in M(n \times n, \mathbb{R})$ *eine obere Dreiecksmatrix. Dann folgt*

$$\det(\mathcal{A}) = a_{11} \cdot \ldots \cdot a_{nn}. \tag{2.5}$$

Der Nachweis von (2.5) erfolgt nach dem Laplace'schen Entwicklungssatz, den wir als Satz 2.3.3 im Kapitel 2.3 behandeln werden, durch sukzessives Entwickeln nach der ersten Spalte und aufgrund von Satz 2.2.1 gilt (2.5) dann auch für untere Dreiecksmatrizen.

3. *Nach (2.5) folgt sofort für die Einheitsmatrizen und Nullmatrizen*

$$\det(\mathcal{E}_n) = 1 \text{ und } \det(\mathcal{N}) = 0 \ \ (\mathcal{E}_n, \mathcal{N} \in M(n \times n, \mathbb{R}))$$

4. *Sei* $\mathcal{A} \in \mathrm{GL}(n)$*, also regulär, so ist die Determinante von* $\mathcal{A}^{-1}$ *einfach zu bestimmen, wenn* $\det(A)$ *bereits bekannt sein sollte*

$$\begin{aligned} \mathcal{A} \cdot \mathcal{A}^{-1} &= \mathcal{E}_n \Rightarrow \\ \det\left(\mathcal{A} \cdot \mathcal{A}^{-1}\right) &= \det(\mathcal{E}_n) \\ \det(\mathcal{A}) \cdot \det\left(\mathcal{A}^{-1}\right) &= 1 \\ \Rightarrow \quad \det\left(\mathcal{A}^{-1}\right) &= \frac{1}{\det(\mathcal{A})} \end{aligned}$$

Insbesondere gilt damit für alle $\mathcal{A} \in \mathrm{GL}(n)$*:* $\det(\mathcal{A}) \neq 0$.

Nach diesen allgemeinen Eigenschaften werden wir als Nächstes die Determinanten von Elementarmatrizen untersuchen, um daraus eine weitere Berechnungsmethodik für Determinanten abzuleiten. Die Elementarmatrizen vermitteln im Produkt mit einer Matrix die elementaren Zeilen- bzw. Spaltenumformungen des Gaußverfahrens (siehe [SM02]).
Sie sind bei Multiplikation von links gegeben durch V_{ij} (Vertauschen der i-ten und j-ten Zeile), $M_k(\lambda)$ (Multiplikation der k-ten Zeile mit $\lambda \in \mathbb{R}$) und $S_{ij}(\lambda)$ (Addition des λ-fachen der i-ten Zeile zur j-ten).

Satz 2.2.4.
Seien im Folgenden $\mathcal{A} \in M(n \times n, \mathbb{R})$, $\lambda \in \mathbb{R}^*$ *und die Elementarmatrizen* V_{ij}, $M_k(\lambda)$ *und* $S_{ij}(\lambda)$ *gegeben.* [4] *Dann gilt*

1. *beim Vertauschen der i-ten und j-ten Zeile von* $\mathcal{A}$

$$\det(V_{ij} \cdot \mathcal{A}) = -\det(\mathcal{A}), \quad \text{wegen} \quad \det(V_{ij}) = -1$$

2. *beim Multiplizieren der k-ten Zeile von* $\mathcal{A}$ *mit* λ

$$\det(M_k(\lambda) \cdot \mathcal{A}) = \lambda \cdot \det(\mathcal{A}), \quad \text{wegen} \quad \det(M_k(\lambda)) = \lambda$$

Insbesondere folgt hieraus $\det(\lambda \cdot \mathcal{A}) = \lambda^n \cdot \det(\mathcal{A})$.

3. *bei der Addition des* λ*-Fachen der i-ten Zeile zur j-ten Zeile*

$$\det(S_{ij}(\lambda) \cdot \mathcal{A}) = \det(\mathcal{A}), \quad \text{wegen} \quad \det(S_{ij}(\lambda)) = 1$$

Bemerkungen 2.2.2. *(zu Satz 2.2.4)*

1. *Die Determinanten* $\det(V_{ij}) = -1$ *und* $\det(M_k(\lambda)) = \lambda$ *sind einfach nachzurechnen.*

2. *Die Determinante* $\det(S_{ij}(\lambda)) = 1$ *ergibt sich aus*

$$S_{ij}(\lambda) = M_i\left(\frac{1}{\lambda}\right) \cdot S_{ij}(1) \cdot M_i(\lambda)$$

3. *Die Determinante zu* $\lambda \cdot \mathcal{A}$ *ergibt sich aus*

$$\lambda \cdot \mathcal{A} = M_n(\lambda) \cdot \ldots \cdot M_1(\lambda) \cdot \mathcal{A}$$

4. *Wegen Satz 2.2.1 gilt Satz 2.2.4 auch für Spaltenumformungen.*

Der letzte Satz (2.2.4) bietet in seiner Anwendung vor allem wegen

$$\det(S_{ij}(\lambda) \cdot \mathcal{A}) = \det(\mathcal{A})$$

die Möglichkeit, bei Determinanten großer Matrizen, diese vor deren Berechnung zu vereinfachen. Man verfolgt dabei das Ziel, mittels der Addition der Vielfachen einer Zeile (Spalte) zu einer anderen, möglichst viele „Nullen" in jeder Zeile (oder Spalte) zu erhalten.

[4] $\mathbb{R}^* = \mathbb{R} \setminus \{0\}$

Beispiel 2.2.1.

$$\begin{vmatrix} 11 & 14 & 17 \\ 12 & 15 & 18 \\ 13 & 16 & 20 \end{vmatrix} \overset{\substack{Z:III-Z:II \\ Z:II-Z:I}}{=} \begin{vmatrix} 11 & 14 & 17 \\ 1 & 1 & 1 \\ 1 & 1 & 2 \end{vmatrix} \overset{\substack{Sp:II-Sp:I \\ Sp:III-Sp:I}}{=} \begin{vmatrix} 11 & 3 & 6 \\ 1 & 0 & 0 \\ 1 & 0 & 1 \end{vmatrix} \overset{\text{Satz 2.1.1}}{=} -3$$

Satz 2.2.5.
Es sei $\mathcal{A} \in M(n \times n, \mathbb{R})$. *Dann gilt* $\det(\mathcal{A}) = 0$, *wenn*

1. $\mathcal{A}$ *eine Nullzeile besitzt,*
2. $\mathcal{A}$ *zwei gleiche Zeilen besitzt,*
3. *eine Zeile von* $\mathcal{A}$ *das Vielfache einer anderen ist,*
4. *sich die* k*-te Zeile von* $\mathcal{A}$ *als Linearkombination der restlichen Zeilen darstellen lässt.*

Bemerkungen 2.2.3.

1. *Satz 2.2.5 gilt wegen Satz 2.2.1 auch für die Spalten von* $\mathcal{A}$.
2. *Satz 2.2.5 ist nur hinreichend.*
3. *Ist* $\mathcal{A}$ *nicht regulär, so gilt* $\det(\mathcal{A}) = 0$.

Basierend auf den vorangegangenen Sätzen zu den Eigenschaften von Determinanten lassen sich jetzt Beziehungen formulieren, welche für die Anwendung, insbesondere für die Lösbarkeit von LGS, sehr praktisch sind.

Satz 2.2.6.
Sei $\mathcal{A} \in M(n \times n, \mathbb{R})$. *Dann sind folgende Aussagen äquivalent:*

1. *Jedes LGS mit Koeffizientenmatrix* $\mathcal{A}$ *ist eindeutig lösbar.*
2. *Der Rang der Matrix* $\mathcal{A}$ *ist maximal.*
3. $\mathcal{A} \in \mathrm{GL}(n)$ *ist regulär und es existiert* $\mathcal{A}^{-1}$.
4. $\det(\mathcal{A}) \neq 0$.

Dass der Satz 2.2.6 so „praktisch" ist, ergibt sich daraus, dass man bei einem LGS mit quadratischer Koeffizientenmatrix lediglich deren Determinante berechnen muss, um eine Aussage über die Lösbarkeit des LGS zu erhalten.

Beispiel 2.2.2.
Gegeben ist das folgende LGS

$$\begin{aligned} 3x_1 + 4x_2 - x_3 &= 8 \\ x_1 - 2x_2 + 2x_3 &= 3 \\ 5x_1 + x_3 &= 8 \end{aligned} \tag{2.6}$$

Die Koeffizientenmatrix lautet:

$$\mathcal{A} = \begin{pmatrix} 3 & 4 & -1 \\ 1 & -2 & 2 \\ 5 & 0 & 1 \end{pmatrix} \quad \Rightarrow \det(\mathcal{A}) = 20 \neq 0$$

Das LGS (2.6) besitzt eine eindeutige Lösung.

2.2.1 Kurzaufgaben zum Verständnis

1. Sind $\mathcal{A}, \mathcal{B}$ zwei $(n \times n)$-Matrizen, dann gilt

$$\det(\mathcal{A} + \mathcal{B}) = \det(\mathcal{A}) + \det(\mathcal{B})$$

□ wahr □ falsch

2. Ist $\mathcal{A} \in M(n \times n, \mathbb{R})$ eine obere Dreiecksmatrix, so gilt

$$\det(\mathcal{A}) = a_{11} \cdot a_{22} \cdot \ldots \cdot a_{nn}$$

□ wahr □ falsch

3. Ist $\mathcal{A} \in \mathrm{GL}(n)$, dann ist die Gleichung

$$\det(\mathcal{A}) \cdot \mathcal{E}_n = \mathrm{ad}(\mathcal{A}) \cdot \mathcal{A}$$

□ wahr □ falsch

4. Ist $\mathcal{A} \in \mathrm{GL}(n)$. Dann ist die Gleichung

$$\det(\mathcal{A}) \cdot \mathcal{E}_n = \mathcal{A} \cdot \mathrm{ad}(\mathcal{A})$$

□ wahr □ falsch

5. Sei $\mathcal{A}$ eine $(n \times n)$-Matrix (n gerade) der Form

$$\mathcal{A} = \begin{pmatrix} 0 & 0 & \cdots & 0 & a_{1n} \\ 0 & 0 & \cdots & a_{2(n-1)} & 0 \\ \vdots & \vdots & .\cdot^{\cdot} & \vdots & \vdots \\ 0 & a_{(n-1)2} & \cdots & 0 & 0 \\ a_{n1} & 0 & \cdots & 0 & 0 \end{pmatrix}.$$

Dann ist $\det(\mathcal{A})$ gleich

□ $a_{n1} \cdot a_{(n-1)2} \cdot \ldots \cdot a_{1n}$ □ $(-1) \cdot a_{n1} \cdot a_{(n-1)2} \cdot \ldots \cdot a_{1n}$

□ $(-1)^{\frac{n}{2}} \cdot a_{n1} \cdot a_{(n-1)2} \cdot \ldots \cdot a_{1n}$

6. Gegeben sei eine Matrix $\mathcal{A} \in M(n \times n, \mathbb{R})$, wobei für jede Zeile von $\mathcal{A}$ die Summe über alle Einträge identisch Null ist. Dann ist $\det(\mathcal{A})$ gleich

□ $(-1)^n n$ □ 0 □ $(-1)^n n^2$

2.2.2 Übungen

Lösungsvideos zu den Übungen können auf www.lsgn24h.de über die Eingabe des Lösungscodes abgerufen werden.

Kl A:

1. Berechnen Sie, wenn möglich, jeweils die Determinante der folgenden Matrizen

$$\mathcal{A} = \begin{pmatrix} 1 & 2 & 3 & 4 \\ 5 & 6 & 7 & 8 \end{pmatrix}, \mathcal{B} = \begin{pmatrix} -9 \end{pmatrix}$$

$$\mathcal{C} = \begin{pmatrix} 1 & 2 \\ 3 & 4 \end{pmatrix}, \mathcal{D} = \begin{pmatrix} 2 & -1 & 3 \\ 5 & -2 & 4 \\ 6 & 1 & 9 \end{pmatrix}$$

(Lösungscode: SB03DE0A001)

2. Bestimmen Sie jeweils die Determinante der beiden Elementarmatrizen

   (a) V_{ij} $(i, j = 1, \ldots, n)$

   (Lösungscode: SB03DE0A002)

   (b) $M_k(\lambda)$ $(k = 1, \ldots, n)$

   (Lösungscode: SB03DE0A003)

3. Bestimmen Sie jeweils die Adjunkte zu folgenden Matrizen

$$\mathcal{A} = \begin{pmatrix} 2 & 4 \\ 3 & -2 \end{pmatrix}, \quad \mathcal{B} = \begin{pmatrix} 4 & 1 & 0 \\ -1 & 5 & 3 \\ 7 & 10 & 0 \end{pmatrix}$$

(Lösungscode: SB03DE0A004)

4. Bestimmen Sie alle möglichen Unterdeterminanten zu folgender Matrix

$$\mathcal{A} = \begin{pmatrix} 3 & -1 & 2 \\ 4 & -2 & 6 \\ \pi & 8 & x \end{pmatrix}, x \in \mathbb{R}$$

(Lösungscode: SB03DE0A005)

Kl B:

1. Berechnen Sie, möglichst geschickt, die Determinante der folgenden Matrizen

$$\mathcal{A} = \begin{pmatrix} 1 & 2 & 0 & 0 \\ 2 & 1 & 0 & 0 \\ 0 & 0 & 3 & 4 \\ 0 & 0 & 4 & 3 \end{pmatrix}, \mathcal{B} = \begin{pmatrix} 2 & 0 & 0 & 0 & 2 \\ 0 & 2 & 0 & 2 & 0 \\ 0 & 0 & 2 & 0 & 0 \\ 0 & 2 & 0 & 2 & 0 \\ 2 & 0 & 0 & 0 & 2 \end{pmatrix}$$

(Lösungscode: SB03DE0B001)

2. Finden Sie für die mögliche Regel $\det(\mathcal{A}+\mathcal{B}) = \det(\mathcal{A})+\det(\mathcal{B})$ ein Beispiel, dass diese Aussage belegt und wenn möglich, ein Beispiel, welches diese Aussage widerlegt, mit $\mathcal{A} \neq \mathcal{N} \neq \mathcal{B}$ und $\mathcal{A} \neq \mathcal{B}$.

(Lösungscode: SB03DE0B002)

3. Zeigen Sie die Richtigkeit der folgenden Aussage

$$\det \begin{pmatrix} x & 1 & 1 \\ 1 & x & 1 \\ 1 & 1 & x \end{pmatrix} = (x-1)^2(x+2)$$

(Lösungscode: SB03DE0B003)

4. Gegeben ist das folgende LGS:

$$\begin{aligned} 5x + 3y - z &= 4 \\ 2x + 2y + z &= 3 \\ -x - y + 4z &= 1 \end{aligned}$$

(a) Bestimmen Sie die Koeffizientenmatrix $\mathcal{A}$ und $\operatorname{rg}(\mathcal{A})$.

(Lösungscode: SB03DE0B004)

(b) Ermitteln Sie $\det(\mathcal{A}^{-1})$.

(Lösungscode: SB03DE0B005)

(c) Lösen Sie das LGS mit Hilfe von $\mathcal{A}^{-1}$.

(Lösungscode: SB03DE0B006)

5. Lösen Sie das (2, 2)-LGS $\mathcal{A} \cdot \vec{x} = \vec{b}$ mit $(r > 0)$

$$\mathcal{A} = \begin{pmatrix} \cos(\varphi) & -r\sin(\varphi) \\ \sin(\varphi) & r\cos(\varphi) \end{pmatrix}, \vec{x} = \begin{pmatrix} x \\ y \end{pmatrix} \quad \text{und} \quad \vec{b} = \begin{pmatrix} r \\ 0 \end{pmatrix}$$

(Lösungscode: SB03DE0B007)

Kl C:

1. Besitzt eine schiefsymmetrische Matrix $\mathcal{A} \in M(n \times n, \mathbb{R})$, mit n ungerade, die Determinante $\det(\mathcal{A}) = 0$? Begründen Sie Ihre Antwort.
(Für schiefsymmetrische Matrizen gilt: $\mathcal{A}^T = -\mathcal{A}$)

(Lösungscode: SB03DE0C001)

2. Es seien $\mathcal{A}, \mathcal{B} \in \mathrm{GL}(n)$. Gilt dann

$$\mathrm{ad}(\mathcal{A} \cdot \mathcal{B}) = \mathrm{ad}(\mathcal{B}) \cdot \mathrm{ad}(\mathcal{A})?$$

(Lösungscode: SB03DE0C002)

3. Lösen Sie das komplexe (2, 2)-LGS $\mathcal{A} \cdot \vec{x} = \vec{b}$ mit $(i^2 = -1)$

$$\mathcal{A} = \begin{pmatrix} 3+i & -4i \\ 2 & -2i \end{pmatrix}$$

und

$$\vec{x} = \begin{pmatrix} z_1 \\ z_2 \end{pmatrix}, \vec{b} = \begin{pmatrix} 2+i \\ 2-i \end{pmatrix}$$

(Lösungscode: SB03DE0C003)

4. Zeigen Sie die Richtigkeit von Bemerkung 2.2.3 *3.* .

(Lösungscode: SB03DE0C004)

Kl D:

1. Bestimmen Sie für $n \in \mathbb{N}$ die Determinante der folgenden Matrix

$$\begin{pmatrix} 2 & -3 & 0 & \cdots & \cdots & \cdots & 0 \\ 1 & 2 & -3 & 0 & \cdots & \cdots & 0 \\ 0 & 1 & 2 & -3 & 0 & \cdots & 0 \\ \cdots & \cdots & \cdots & \cdots & \cdots & \cdots & \cdots \\ 0 & \cdots & 0 & 1 & 2 & -3 & 0 \\ 0 & \cdots & \cdots & 0 & 1 & 2 & -3 \\ 0 & \cdots & \cdots & \cdots & 0 & 1 & 2 \end{pmatrix} \in M(n \times n, \mathbb{R})$$

(Lösungscode: SB03DE0D001)

2. Gegeben sei eine Matrix $\mathcal{A} \in M(n \times n, \mathbb{R})$, mit $\mathcal{A} = (a_{ij})_{n,n}$.
Es gelte

$$\sum_{j=1}^{n} (-1)^{j+1} a_{ij} = 0$$

für alle $i = 1, \ldots, n$. Zeigen Sie, dass $\det(\mathcal{A}) = 0$ folgt.

(Lösungscode: SB03DE0D002)

3. Berechnen Sie die Determinante der folgenden Matrix:

$$\begin{pmatrix} 1 & 1 & 1 & 1 & 1 \\ 1 & 2 & 3 & 4 & 5 \\ -1 & 2 & -3 & 4 & -5 \\ 1 & -2 & -3 & 4 & 5 \\ 1 & 2 & -3 & -4 & 5 \end{pmatrix}$$

(Lösungscode: SB03DE0D003)

2.3 Formale Einführung der Determinante

Die Definition 2.1.3 der Determinante haben wir teilweise heuristisch und für $n \geq 3$ natürlich auf den ersten Blick etwas künstlich gewonnen. Wir werden im Folgenden sehen, dass es nur genau eine Determinante gibt, welche eben die Form wie in Definition 2.1.3 besitzt. Um dies zu zeigen, müssen wir jetzt etwas weiter ausholen.

Will man die Definition einer Determinante formal einführen, so betrachtet man ihre grundlegende Eigenschaft als multilineare Abbildung, welche einer Matrix $\mathcal{A} \in M(n \times n, \mathbb{K})$ eine Zahl zuordnet.
Genauer gesagt legt man die Determinante mittels einer sogenannten n-linearen oder eben multilinearen Form auf dem n-fachen Produkt eines n-dimensionalen Vektorraums fest.
Die n-Zeilenvektoren der Matrix $\mathcal{A}$ bilden dann n Vektoren eines n-dimensionalen Vektorraums.

Als Vorbereitung der formalen Definition der Determinante führen wir als Schreibweisen für Zeilen- und Spaltenvektoren einer quadratischen Matrix die folgenden Bezeichnungen ein

Definition 2.3.1. *(Schreibweisen für Zeilen- und Spaltenvektoren)*
Sei $\mathcal{A} \in M(n \times n, \mathbb{K})$, dann bezeichne

- $\vec{a}_i = (a_{i1}, \ldots, a_{in})$ *die i-te Zeile der Matrix $\mathcal{A}$ und*
- $\vec{a}^j = \begin{pmatrix} a_{1j} \\ \vdots \\ a_{nj} \end{pmatrix}$ *die j-te Spalte der Matrix $\mathcal{A}$.*

Unter Verwendung dieser Schreibweisen definieren wir die Determinante als Abbildung auf der Menge der quadratischen Matrizen, mit speziellen Eigenschaften.

Definition 2.3.2. *(Determinante (formal))*
Eine Abbildung

$$\det : M(n \times n, \mathbb{R}) \longrightarrow \mathbb{R} \tag{2.7}$$

nennt man eine **Determinante**, *wenn sie folgende drei Eigenschaften besitzt:*

Die Determinante det *ist*

1. n**-linear/multilinear**: *Für $\mathcal{A} \in M(n \times n, \mathbb{R})$ und $i = 1, \dots, n$ gilt:*
   (a) *Ist die i-te Zeile eine Summe, d. h. $\vec{a}_i = \vec{a}_i' + \vec{a}_i''$ so folgt*
   $$\det \begin{pmatrix} \vdots \\ \vec{a}_i \\ \vdots \end{pmatrix} = \det \begin{pmatrix} \vdots \\ \vec{a}_i' \\ \vdots \end{pmatrix} + \det \begin{pmatrix} \vdots \\ \vec{a}_i'' \\ \vdots \end{pmatrix}$$
   (b) *Ist $\vec{a}_i = \lambda \vec{a}_i'$ für ein $\lambda \in \mathbb{R}^*$, so folgt*
   $$\det \begin{pmatrix} \vdots \\ \vec{a}_i \\ \vdots \end{pmatrix} = \lambda \cdot \det \begin{pmatrix} \vdots \\ \vec{a}_i' \\ \vdots \end{pmatrix}$$
2. **alternierend**: *Besitzt $\mathcal{A}$ zwei gleiche Zeilen, so ist* $\det(\mathcal{A}) = 0$.
3. **normiert**: $\det(\mathcal{E}_n) = 1$.

Die Determinante ist mit Definition 2.3.2 tatsächlich eindeutig festgelegt, was aber noch bewiesen werden muss.
Doch bevor wir zu einem Beweis der Eindeutigkeit der Determinante kommen, werden wir einige weitere Eigenschaften der Determinante nennen, welche aus Definition 2.3.2 folgen.[5]

Bemerkungen 2.3.1.
Im Folgenden seien $\mathcal{A}, \mathcal{B} \in M(n \times n, \mathbb{R})$.

1. *(Det I)* $\forall\ \lambda \in \mathbb{R}: \ \det(\lambda \cdot \mathcal{A}) = \lambda^n \det(\mathcal{A})$
2. *(Det II) Gibt es ein $i = 1, \dots, n$ mit $\vec{a}_i = \vec{0}^T$, so gilt* $\det(\mathcal{A}) = 0$.
3. *(Det III) Entsteht $\mathcal{B}$ aus $\mathcal{A}$ durch eine Zeilenvertauschung, so gilt*
   $$\det(\mathcal{B}) = -\det(\mathcal{A})$$
4. *(Det IV) Ist $\lambda \in \mathbb{R}$ und ist $\mathcal{B}$ aus $\mathcal{A}$ gebildet, indem man zur i-ten Zeile das λ-fache der j-Zeile addiert hat ($i \neq j, i, j = 1, \dots, n$), so gilt*
   $$\det(\mathcal{B}) = \det(\mathcal{A})$$

[5] Die Eigenschaften kennen wir natürlich auch schon aus der heuristisch hergeleiteten Definition der Determinante.

5. *(Det V) Ist* $\mathcal{A} = (a_{ij})_{n,n}$ *eine obere Dreiecksmatrix,*

$$\mathcal{A} = \begin{pmatrix} a_{11} & a_{12} & \dots & a_{1n} \\ 0 & a_{22} & \cdots & a_{2n} \\ \vdots & \vdots & \ddots & \vdots \\ 0 & 0 & \dots & a_{nn} \end{pmatrix}$$

so ist $\det(\mathcal{A}) = a_{11} \cdot \ldots \cdot a_{nn}$

6. *(Det VI) Es gilt*

$$\det(\mathcal{A}) \neq 0 \Leftrightarrow \mathcal{A} \text{ ist invertierbar}$$

Im nächsten Schritt bereiten wir den Beweis der Eindeutigkeit der Determinante weiter vor und wiederholen zu diesem Zweck die Definition von Permutationen (vgl. auch [SM01]).

Definition 2.3.3. *(Permutation)*
Sei $n \in \mathbb{N}$. *Eine Permutation* σ *ist eine bijektive Abbildung*

$$\sigma : \{1, \ldots, n\} \longrightarrow \{1, \ldots, n\}$$

Bemerkungen 2.3.2.

1. *Die Menge aller Permutationen einer Menge* $\{1, \ldots, n\}$, *bezeichnet man mit* S_n *und schreibt für eine Permutation dann* $\sigma \in S_n$.

2. *Spezielle Permutationen sind* **Transpositionen** *(Vertauschungen). Eine Transposition* τ *ist eine bijektive Abbildung*

$$\tau : \{1, \ldots, n\} \longrightarrow \{1, \ldots, n\}$$

sodass es genau ein Paar $i, j \in \{1, \ldots, n\}$ *gibt mit* $\tau(i) = j$ *und* $\tau(j) = i$ *und* $\tau(k) = k$ *für* $k \in \{1, \ldots, n\} \setminus \{i, j\}$.

3. *Man kann sich überlegen (siehe Übungen): Jede Permutation* σ *lässt sich als Hintereinanderausführung von Transpositionen darstellen (nicht eindeutig), wobei die Anzahl der Transpositionen ,*n_τ*, entweder immer gerade oder ungerade ist. Deshalb kann man definieren*

$$\operatorname{sign}(\sigma) := (-1)^{n_\tau}$$

Ist z. B. $\sigma = \tau_1 \circ \tau_2 \circ \ldots \circ \tau_k$, *so gilt* $\operatorname{sign}(\sigma) = (-1)^k$, *wobei dieser Wert von der Darstellung von* σ *unabhängig ist.*

Mit dieser Vorarbeit können wir uns nun dem folgenden bereits mehrfach erwähnten Satz zuwenden:

Satz 2.3.1. *(Eindeutigkeit der Determinante)*
Die Determinante aus Definition 2.3.2 ist eindeutig bestimmt.

Beweis.
Es sei $\det(\mathcal{A})$ eine Determinante gemäß der Definition 2.3.2 für $\mathcal{A} = (a_{i,j})_{n,n} \in M(n \times n, \mathbb{R})$.
Mit den Zeilenvektoren $\vec{a}_i$ von $\mathcal{A}$ und den kanonischen Zeileneinheitsvektoren $\vec{e}_i$, $i = 1, \ldots, n$, lässt sich $\det(\mathcal{A})$ über die n-malige Anwendung der Linearität aus Definition 2.3.2 *(1.)* als Summe von Komponentenprodukten darstellen, denn es gilt

$$\begin{aligned}
\det(\mathcal{A}) &= \sum_{i_1=1}^{n} a_{1i_1} \det \begin{pmatrix} \vec{e}_{i_1} \\ \vec{a}_2 \\ \vdots \\ \vec{a}_n \end{pmatrix} \\
&= \sum_{i_1}^{n} \sum_{i_2}^{n} \cdots \sum_{i_n=1}^{n} a_{1,i_1} a_{2,i_2} \ldots a_{n,i_n} \det \begin{pmatrix} \vec{e}_{i_1} \\ \vec{e}_{i_2} \\ \vdots \\ \vec{e}_{i_n} \end{pmatrix} \\
&= \sum_{\sigma \in S_n} a_{1,\sigma(1)} a_{2,\sigma(2)} \ldots a_{n,\sigma(n)} \det \begin{pmatrix} \vec{e}_{\sigma(1)} \\ \vec{e}_{\sigma(2)} \\ \vdots \\ \vec{e}_{\sigma(n)} \end{pmatrix} \\
&= \sum_{\sigma \in S_n} \operatorname{sign}(\sigma) a_{1,\sigma(1)} a_{2,\sigma(2)} \ldots a_{n,\sigma(n)}
\end{aligned} \tag{2.8}$$

Die letzte Gleichung in (2.8) begründet sich dabei wie folgt:
Treten in den Indexsummen in (2.8) zwei gleiche Indices $i_j = i_k$ auf für $j \neq k$, so ist die zur Summe gehörende Determinante nach der alternierenden Vorschrift in dieser Summe gleich null:

$$\det \begin{pmatrix} \vec{e}_{i_1} \\ \vec{e}_{i_2} \\ \vdots \\ \vec{e}_{i_n} \end{pmatrix} = 0, \quad \text{z. B. bei } i_2 = i_n \Rightarrow \det \begin{pmatrix} \vec{e}_{i_1} \\ \vec{e}_{i_2} \\ \vdots \\ \vec{e}_{i_2} \end{pmatrix} = 0$$

Somit bleiben von den n^n möglichen Summanden genau die, für welche es eine Permutation $\sigma(j) = i_j$ gibt. Insgesamt sind dies genau $n!$ Permutationen. Für die verbleibenden Determinanten, welche ungleich null sind, folgt dann aus (Det I) und der Tatsache, dass bekanntlich n_τ die Anzahl der Zeilenvertauschen angibt

$$\det \begin{pmatrix} \vec{e}_{i_1} \\ \vec{e}_{i_2} \\ \vdots \\ \vec{e}_{i_n} \end{pmatrix} = (-1)^{n_\tau} = \operatorname{sign}(\sigma)$$

Hier ist $\operatorname{sign}(\sigma)$ immer dem Vorzeichen der jeweiligen Permutation gleich und verknüpft den Wert der Determinante mit der Anzahl der Zeilenvertauschungen n_τ.
Da die Determinante $\det(\mathcal{A})$ aber auf diese Weise immer die Form wie in (2.8) annehmen wird, unabhängig von der Reihenfolge der Berechnungsschritte, ist sie eindeutig. □

Nach dem Beweis der Eindeutigkeit der Determinante werden jetzt auch die fundamentalen Sätze, der Satz zur Determinante der Transponierten, Satz 2.2.1 und der Produktsatz, Satz 2.2.2, bewiesen werden.

Beginnen wir mit dem Beweis zu **Satz 2.2.1**

Sei $\mathcal{A} \in M(n \times n, \mathbb{R})$. Dann gilt $\det(\mathcal{A}) = \det\left(\mathcal{A}^T\right)$.

Beweis.
Wir verwenden $\mathcal{A} = (a_{ij})_{n,n}$ und definieren für die transponierte Matrix $\mathcal{A}^T = (a'_{ij})_{n,n}$, mit $a'_{ij} = a_{ji}$ und $i, j = 1, \ldots, n$.
Im Wesentlichen ist jetzt zu untersuchen, wie sich die Reihenfolge der Faktoren in der Darstellung der Determinante, welche wir aus dem Beweis zu Satz 2.3.1 entnehmen, für $\det(\mathcal{A}^T)$ ändert:

$$\begin{aligned}
\det(\mathcal{A}^T) &= \sum_{\sigma \in S_n} \operatorname{sign}(\sigma) a'_{1\sigma(1)} \cdot a'_{2\sigma(2)} \cdot \ldots \cdot a'_{n\sigma(n)} \\
&= \sum_{\sigma \in S_n} \operatorname{sign}(\sigma) a_{\sigma(1)1} \cdot a_{\sigma(2)2} \cdot \ldots \cdot a_{\sigma(n)n} \\
&= \sum_{\sigma \in S_n} \operatorname{sign}(\sigma^{-1}) a_{1\sigma^{-1}(1)} \cdot a_{2\sigma^{-1}(2)} \cdot \ldots \cdot a_{n\sigma^{-1}(n)} \\
&= \det(\mathcal{A})
\end{aligned}$$

Um die Zeilen besser verstehen zu können, müssen wir festhalten, dass jede Permutation $\sigma \in S_n$ eindeutig umkehrbar ist mit $\sigma^{-1} \in S_n$ und es gilt

$$a_{\sigma(1)1} \cdot a_{\sigma(2)2} \cdot \ldots \cdot a_{\sigma(n)n} = a_{1\sigma^{-1}(1)} \cdot a_{2\sigma^{-1}(2)} \cdot \ldots \cdot a_{n\sigma^{-1}(n)} \tag{2.9}$$

Gleichung (2.9) muss korrekt sein, da bis auf die Reihenfolge in beiden Produkten dieselben Faktoren vorkommen.
Es gilt zudem $\text{sign}(\sigma) = \text{sign}(\sigma^{-1})$ für jede Permutation[6] und damit ist wegen der Eindeutigkeit der Determinante die Gleichung zu Satz 2.2.1 erfüllt. □

Satz 2.2.1 zur Determinanten der Transponierten besagt insbesondere, dass man in der Definition der Determinante (Definition 2.3.2) Zeilen auch durch Spalten ersetzen kann.

Satz 2.2.2 (Produktsatz für Determinanten)

Seien $\mathcal{A}, \mathcal{B} \in M(n \times n, \mathbb{R})$. Dann gilt $\det(\mathcal{A} \cdot \mathcal{B}) = \det(\mathcal{A}) \cdot \det(\mathcal{B})$.

Trotz seiner Einfachheit ist der Satz etwas aufwendiger zu beweisen und wird hier nur anteilig präsentiert. Der zum Schluss noch fehlende Rest des Beweises wird dann Teil der Übungsaufgaben am Ende dieses Kapitels sein.

Beweis.
Im Beweis zu Satz 2.2.2 geht man mittels Fallunterscheidungen vor.

1. **Fall:**
   Sei $\mathcal{A}$ nicht invertierbar, so folgt $\text{rg}(\mathcal{A}) < n \Rightarrow \det(\mathcal{A}) = 0$. Aus $\mathcal{A}$ nicht invertierbar, folgt auch $\mathcal{A} \cdot \mathcal{B}$ ist nicht invertierbar und damit $\det(\mathcal{A} \cdot \mathcal{B}) = 0$, was die Beziehungsgleichung aus Satz 2.2.2 korrekt macht.

2. **Fall:**
   $\mathcal{A}$ und $\mathcal{B}$ seien beide invertierbar. Dann wissen wir (siehe [SM02]), dass $\mathcal{A}$ als endliches Produkt von Elementarmatrizen dargestellt werden kann
   $$\mathcal{A} = \mathcal{C}_1 \cdot \ldots \cdot \mathcal{C}_r$$

[6] Der Zusammenhang $\text{sign}(\sigma) = \text{sign}(\sigma^{-1})$ ist offensichtlich, da für die Umkehrung einer Permutation die selbe minimale Anzahl von Vertauschungen notwendig ist, wie für die Permutation selber.

Hier steht $\mathcal{C}_k$, $k = 1, \dots r$ jeweils für eine der Elementarmatrizen $\mathcal{S}_{ij}$ oder $\mathcal{M}_k^\lambda$, $\lambda \in \mathbb{R}^*$.[7] Damit reduziert sich der Nachweis auf

$$\det(\mathcal{C}_k \cdot \mathcal{B}) = \det(\mathcal{C}_k) \cdot \det(\mathcal{B}) \tag{2.10}$$

In Übung 2.4.6, Aufgabenklasse D, Aufgabe 3, werden Sie aufgefordert, diesen Beweis zu beenden.

□

Abschließend werden wir noch den allgemeinen Satz zur Berechnung von Determinanten behandeln, den Laplace'schen Entwicklungssatz.

Die Einführung des Laplace'schen Entwicklungssatz benötigt etwas Vorarbeit, ebenso wie sein Beweis.
Beginnen wir deshalb mit dem folgenden Satz zur Berechnung der Determinante bei einer speziellen Unterteilung einer Matrix in Untermatrizen.

Satz 2.3.2.
Es sei $\mathcal{A} \in M((n+m) \times (n+m), \mathbb{R})$ von der Form

$$\mathcal{A} = \begin{pmatrix} \mathcal{A}_1 & \mathcal{C} \\ \mathcal{O} & \mathcal{B}_1 \end{pmatrix}$$

wobei festgelegt sei $\mathcal{A}_1 \in M(n \times n, \mathbb{R})$, $\mathcal{O} \in M(m \times n, \mathbb{R})$ ist eine Nullmatrix, $\mathcal{C} \in M(n \times m, \mathbb{R})$ sei beliebig und $\mathcal{B}_1 \in M(m \times m, \mathbb{R})$.
Dann gilt

$$\det(\mathcal{A}) = \det(\mathcal{A}_1) \cdot \det(\mathcal{B}_1)$$

Beweis.
Durch elementare Zeilenumformungen kann man die Matrix $\mathcal{A}_1$ in eine obere Dreiecksmatrix $\mathcal{A}_2$ überführen und $\mathcal{B}_1$ bleibt erhalten. $\mathcal{C}$ wird unter denselben Umformungen zu $\tilde{\mathcal{C}}$. Ist k die Anzahl der bei den Zeilenumformungen aufgetretenen Zeilenvertauschungen, so gilt

$$\det(\mathcal{A}_1) = (-1)^k \cdot \det(\mathcal{A}_2)$$

Verfährt man mit $\mathcal{B}_1$ in gleicher Weise und überführt $\mathcal{B}_1$ ebenfalls in eine obere Dreiecksmatrix $\mathcal{B}_2$, bleiben $\mathcal{A}_2$ und $\tilde{\mathcal{C}}$ dabei unverändert.

[7] Die Elementarmatrizen für Zeilenvertauschungen V_{ij} müssen nicht betrachtet werden, da ihre Anwendung nur einer Multiplikation mit (-1) auf beiden Seiten gleichkommt.

Gibt t die Anzahl der bei der Umformung von $\mathcal{B}_1$ aufgetretenen Zeilenvertauschungen an, so gilt

$$\det(\mathcal{B}_1) = (-1)^t \cdot \det(\mathcal{B}_2)$$

Definiert man die nach den Umformungen aus $\mathcal{A}$ entstandene obere Dreiecksmatrix

$$\tilde{\mathcal{A}} = \begin{pmatrix} \mathcal{A}_2 & \tilde{\mathcal{C}} \\ \mathcal{O} & \mathcal{B}_2 \end{pmatrix}$$

dann ergibt sich

$$\det(\tilde{\mathcal{A}}) = \det(\mathcal{A}_2) \cdot \det(\mathcal{B}_2) = (-1)^{k+t} \cdot \det(\mathcal{A}_1) \cdot \det(\mathcal{B}_1)$$

und aus

$$\det(\mathcal{A}) = (-1)^{k+t} \cdot \det(\tilde{\mathcal{A}})$$

mit $k + t$-Zeilenvertauschungen, folgt die Behauptung. □

Beispiel 2.3.1.
Erkennt man die Struktur einer Matrix nach Satz 2.3.2, so lässt sich deren Determinante analog zu diesem Beispiel berechnen:

$$\begin{vmatrix} 2 & 3 & 1 & 1 & 1 \\ 4 & -1 & 2 & 2 & 2 \\ 0 & 0 & 1 & 2 & -1 \\ 0 & 0 & 2 & 0 & 1 \\ 0 & 0 & 3 & -1 & 1 \end{vmatrix} = \begin{vmatrix} 2 & 3 \\ 4 & -1 \end{vmatrix} \cdot \begin{vmatrix} 1 & 2 & -1 \\ 2 & 0 & 1 \\ 3 & -1 & 1 \end{vmatrix} = (-14) \cdot 5 = -70$$

Nach dieser Vorarbeit kommen wir nun zum eigentlichen Satz und merken an, dass wir bisher immer bei der Berechnung der Determinante nach der ersten Zeile der jeweiligen Matrix entwickelt haben. Dieses war jedoch nur der Definition geschuldet und die Berechnung der Determinanten kann, wie der jetzt folgende Laplace'sche Entwicklungssatz ausdrückt, auch durch die Entwicklung nach einer beliebigen Zeile (oder auch Spalte) vorgenommen werden.[8]

[8]Pierre Simon Laplace (1749-1827) war Physiker und Mathematiker und wurde im Jahr 1773 bezahltes Mitglied der Pariser Akademie. Im Jahr 1794 zum Professor an der École Polytechnique in Paris ernannt, erschien 1812 sein Werk *Théorie analytique des probabilités* eine Zusammenfassung des Wissens über Wahrscheinlichkeit in seiner Zeit. Seine Hauptarbeitsgebiete umfassten Differenzialgleichungen, Himmelsmechanik und Wahrscheinlichkeitsrechnung.

Satz 2.3.3. *(Laplace'scher Entwicklungssatz)*
Seien $\mathcal{A} \in M(n \times n, \mathbb{R})$ und $i \in \{1, \dots, n\}$ ein beliebiger Index.
Dann gilt

$$\det(\mathcal{A}) = \sum_{k=1}^{n} (-1)^{i+k} \cdot a_{ik} \cdot \det\left(U_{ik}(\mathcal{A})\right)$$

Um die praktische Umsetzung des Laplace'schen Entwicklungssatzes zu verdeutlichen, werden wir in einem Beispiel mit seiner Hilfe einmal die Determinante einer Matrix $\mathcal{A} \in M(3 \times 3, \mathbb{R})$ berechnen und ein paar wesentliche Aspekte zu diesem Satz anmerken, bevor wir uns seinem Beweis zuwenden.

Beispiel 2.3.2.
Berechnet werden soll die Determinante zu folgender Matrix

$$\mathcal{A} = \begin{pmatrix} 1 & 2 & -1 \\ 2 & 0 & 1 \\ 3 & -1 & 1 \end{pmatrix}$$

Wählt man als Zeile, nach der man $\det(\mathcal{A})$ *entwickeln möchte, die zweite* $(i = 2)$, *so besitzt diese mindestens eine Null, was die Berechnung vereinfacht und nach dem Laplace'schen Entwicklungssatz folgt*

$$\begin{aligned} \det(\mathcal{A}) &= \sum_{k=1}^{n} (-1)^{2+k} \cdot a_{2k} \cdot \det\left(U_{2k}(\mathcal{A})\right) \\ &= (-1)^{2+1} \cdot 2 \cdot \det\left(U_{21}(\mathcal{A})\right) + (-1)^{2+2} \cdot 0 \cdot \det\left(U_{22}(\mathcal{A})\right) \\ &\quad +(-1)^{2+3} \cdot 1 \cdot \det\left(U_{23}(\mathcal{A})\right) \\ &= -2 \cdot \begin{vmatrix} 2 & -1 \\ -1 & 1 \end{vmatrix} - 1 \cdot \begin{vmatrix} 1 & 2 \\ 3 & -1 \end{vmatrix} \\ &= -2 \cdot 1 - 1 \cdot (-7) \\ &= 5 \end{aligned}$$

Man hätte in dieser Berechnung von $\det(\mathcal{A}) = 5$ *den Laplace'schen Entwicklungssatz auch für die zweite Spalte anwenden können.*

Der Laplace'sche Entwicklungssatz gibt eine rekursive Möglichkeit an, die Determinante einer beliebigen quadratischen Matrix $\mathcal{A}$, $\mathcal{A} \in M(n \times n, \mathbb{R})$, berechnen zu können, indem die Determinante von $\mathcal{A}$ bei $n > 2$ schrittweise auf die Berechnung von Unterdeterminanten mit $n = 2$ zurückgeführt wird.

Bemerkungen 2.3.3.

1. *Die Formulierung des Laplace'schen Entwicklungssatzes für Spaltenentwicklungen lautet:*

   Seien $\mathcal{A} \in M(n \times n, \mathbb{R})$ und $j \in \{1, \ldots, n\}$ ein beliebiger Index. Dann gilt

$$\det(\mathcal{A}) = \sum_{k=1}^{n} (-1)^{k+j} \cdot a_{kj} \cdot \det\left(U_{kj}(\mathcal{A})\right)$$

2. *Zur Vereinfachung der Berechnung der Determinanten einer Matrix $\mathcal{A} \in M(n \times n, \mathbb{R})$, $n > 2$, ist es oft geschickt, vor der Berechnung von $\det(\mathcal{A})$ durch elementare Zeilen- oder Spaltenumformungen eine Zeile bzw. eine Spalte mit möglichst vielen Nullen zu erzeugen. z. B.:*

$$\begin{vmatrix} 1 & 2 & -1 \\ 2 & 0 & 1 \\ 3 & -1 & 1 \end{vmatrix} = \begin{vmatrix} 1 & 2 & -1 \\ 0 & -4 & 3 \\ 0 & -7 & 4 \end{vmatrix} = 1 \cdot \begin{vmatrix} -4 & 3 \\ -7 & 4 \end{vmatrix} = -16 + 21 = 5$$

   (In diesem Beispiel wurde im ersten Schritt $Z1 \cdot (-2) + Z2$ und $Z1 \cdot (-3) + Z3$ gerechnet aber auch $S3 \cdot (-2) + S1$ und anschließende Entwicklung nach der zweiten Zeile wäre möglich gewesen.[9])

3. *Die Berechnung von Determinanten mit Hilfe des Laplace'schen Entwicklungssatzes wird für $n \geq 5$ recht aufwendig, sodass man immer versucht ist, sich bei großen Matrizen auch nach alternativen Methoden umzuschaun.*

Der Laplace'sche Entwicklungssatz soll nun bewiesen werden, wofür wir im Folgenden vorab noch ein paar Hilfsmittel bereitstellen.

Insbesondere führen wir als Vorbereitung des Beweises einige spezielle Matrizen ein.

[9] „Zi" steht für „Zeile i" und „Sj" steht für „Spalte j" ($i, j \in \mathbb{N}$).

Definition 2.3.4. *(komplementäre Matrix)*
Zu fest gewählten $1 \leq i, j \leq n$ *und einer Matrix* $\mathcal{A} = (a_{k,l})_{n,n}$ *legt* $\mathcal{A}_{ij} \in M(n \times n, \mathbb{R})$ *diejenige Matrix fest, die entsteht, wenn man die* j*-te Spalte von* $\mathcal{A}$ *durch* $\vec{e}_i$ *ersetzt und die restlichen Elemente der* i*-ten Zeile von* $\mathcal{A}$ *identisch Null setzt, also*

$$\mathcal{A}_{ij} = \begin{pmatrix} a_{11} & \dots & a_{1(j-1)} & 0 & a_{1(j+1)} & \dots & a_{1n} \\ \vdots & \vdots & \vdots & \vdots & \vdots & \vdots & \vdots \\ a_{(i-1)1} & \dots & a_{(i-1)(j-1)} & 0 & a_{(i-1)(j+1)} & \dots & a_{(i-1)n} \\ 0 & \dots & 0 & 1 & 0 & \dots & 0 \\ a_{(i+1)1} & \dots & a_{(i+1)(j-1)} & 0 & a_{(i+1)(j+1)} & \dots & a_{(i+1)n} \\ \vdots & \vdots & \vdots & \vdots & \vdots & \vdots & \vdots \\ a_{n1} & \dots & a_{n(j-1)} & 0 & a_{n(j+1)} & \dots & a_{nn} \end{pmatrix}$$

Dann definieren wir durch

$$\tilde{\mathcal{A}} = (\tilde{a}_{ij})_{n,n} \text{ mit } \tilde{a}_{ij} = \det(\mathcal{A}_{ji})$$

die zu $\mathcal{A}$ **komplementäre Matrix** $\tilde{\mathcal{A}} \in M(n \times n, \mathbb{K})$.

Bemerkung 2.3.4. *(komplementäre Matrix und Adjunkte)*
Die Matrix $\tilde{\mathcal{A}}$ *wird ebenso in der Literatur oft als „***komplementäre Matrix***" bezeichnet.*
Wie wir im nächsten Lemma sehen werden, hatten wir sie aber bereits unter dem Namen **Adjunkte** *in der Definition 2.2.1 festgelegt.*
Für die weiteren Beweise ist die Verwendung der Form der Matrix $\tilde{\mathcal{A}}$ *aus Definition 2.3.4 unserer Meinung nach jedoch günstiger, weshalb wir diese hier extra eingeführt haben.* [10]
Die Verbindung zwischen der komplementären Matrix aus Definition 2.3.4 und der Adjunkten aus Definition 2.2.1 ist in nachfolgendem Lemma 2.3.1 zusammengefasst.

Lemma 2.3.1.
Die in Definition 2.3.4 auftretenden Determinanten $\det(\mathcal{A}_{ji})$ *lassen sich auch wie folgt notieren*

$$\tilde{a}_{ij} = \det(\mathcal{A}_{ji}) = (-1)^{i+j} \cdot \det\left(U_{ji}(\mathcal{A})\right), \qquad 1 \leq i, j \leq n$$

und zusätzlich gilt:

$$\tilde{\mathcal{A}} = (\mathrm{Cof}(\mathcal{A}))^T = \mathrm{ad}(\mathcal{A})$$

[10] Es gilt beim Vergleich mit der Definition 2.3.4 zu beachten, dass die Indizes in „$\tilde{a}_{ij} = \det(\mathcal{A}_{ji})$" vertauscht sind.

Beweis.
Man kann $\mathcal{A}_{ji}$ durch Vertauschen $(j-1)$ benachbarter Zeilen und $(i-1)$ benachbarter Spalten auf die Form

$$\begin{pmatrix} 1 & 0 \\ 0 & U_{ji}(\mathcal{A}) \end{pmatrix}$$

bringen. Nun ist $(-1)^{(j-1)+(i-1)} = (-1)^{(i+j)-2} = (-1)^{i+j}$, womit sich die Aussage nach Satz 2.3.2 ergibt. Den Zusatz sieht man sofort wegen $\tilde{a}_{ij} = a^*_{ji}$ aus Definition 2.2.1 und der Definition der Adjunkten. □

Definition 2.3.5. *(Hilfsmatrix)*
Schreiben wir $\mathcal{A} = (\vec{a}^1 \dots \vec{a}^n)$, wobei $\vec{a}^1, \dots, \vec{a}^n$ für die Spaltenvektoren von $\mathcal{A}$ stehen, so definieren wir die Hilfsmatrix $\hat{\mathcal{A}}_{ij} \in M(n \times n, \mathbb{R})$:

$$\hat{\mathcal{A}}_{ij} := (\vec{a}^1 \dots \vec{a}^{j-1}\, \vec{e}^i\, \vec{a}^{j+1} \dots \vec{a}^n)$$

$\hat{\mathcal{A}}_{ij}$ entsteht aus $\mathcal{A}$, in dem man die j-te Spalte durch den i-ten (Spalten-)Einheitsvektor $\vec{e}^i$ austauscht.

Bemerkungen 2.3.5.

1. *Im Gegensatz zu $\mathcal{A}_{ij}$ aus Definition 2.3.4 bleibt in $\hat{\mathcal{A}}_{ij}$ die i-te Zeile erhalten außer an der j-ten Stelle, die jetzt 1 gesetzt ist.*

2. *Indem man ein entsprechendes Vielfaches der j-ten Spalte von $\hat{\mathcal{A}}_{ij}$ zu anderen Spalten addiert, kann man $\hat{\mathcal{A}}_{ij}$ in $\mathcal{A}_{ij}$ überführen und folglich gilt nach den Eigenschaften (Det IV) und (Det V) (siehe Bemerkungen 2.3.1)*

$$\det(\mathcal{A}_{ij}) = \det(\hat{\mathcal{A}}_{ij}) \tag{2.11}$$

Als letzte Vorbereitung für den Beweis des Laplace'schen Entwicklungssatzes benötigen wir noch ein Lemma und dessen Beweis und dann haben wir es geschafft.

Lemma 2.3.2.
Zu einer Matrix $\mathcal{A} \in M(n \times n, \mathbb{R})$ sei $\operatorname{ad}(\mathcal{A}) = \tilde{\mathcal{A}}$ die Adjunkte zu $\mathcal{A}$. Dann gilt:

$$\operatorname{ad}(\mathcal{A}) \cdot \mathcal{A} = \mathcal{A} \cdot \operatorname{ad}(\mathcal{A}) = \det(\mathcal{A}) \cdot \mathcal{E}_n$$

Mit dem Beweis zu Lemma 2.3.2 wird insbesondere auch Satz 2.2.3 bewiesen.

Beweis.
Mit Hilfe von Lemma 2.3.1 und der folgenden Darstellung

$$(\mathrm{ad}(\mathcal{A}) \cdot \mathcal{A})_{ik} = \sum_{j=1}^{n} \tilde{a}_{ij} \cdot a_{jk} \quad \text{und} \quad (\mathcal{E}_n)_{ik} = \delta_{ik}$$

bestimmen wir die einzelnen Komponenten der Matrix $\mathrm{ad}(\mathcal{A}) \cdot \mathcal{A} = \tilde{\mathcal{A}} \cdot \mathcal{A}$:

$$\begin{aligned}
\sum_{j=1}^{n} \tilde{a}_{ij} \cdot a_{jk} &= \sum_{j=1}^{n} a_{jk} \cdot \det(A_{ji}) \\
&= \sum_{j=1}^{n} a_{jk} \cdot \det\left(\vec{a}^1 \ldots \vec{a}^{i-1}\, \vec{e}^j\, \vec{a}^{i+1} \ldots \vec{a}^n\right) \\
&= \det\left(\vec{a}^1 \ldots \vec{a}^{i-1} \left(\sum_{j=1}^{n} a_{jk}\vec{e}^j\right) \vec{a}^{i+1} \ldots \vec{a}^n\right) \\
&= \det\left(\vec{a}^1 \ldots \vec{a}^{i-1}\, \vec{a}^k\, \vec{a}^{i+1} \ldots \vec{a}^n\right) \\
&= \delta_{ik} \cdot \det(\mathcal{A})
\end{aligned}$$

Damit ist $\mathrm{ad}(\mathcal{A}) \cdot \mathcal{A} = \det(\mathcal{A}) \cdot \mathcal{E}_n$ (und analog $\mathcal{A} \cdot \mathrm{ad}(\mathcal{A}) = \det(\mathcal{A}) \cdot \mathcal{E}_n$) □

Nun können wir den Beweis zum Laplace'schen Entwicklungssatz notieren, welcher Dank der Vorarbeit bemerkenswert kurz ausfällt.

Beweis.
Nach Lemma 2.3.2 ist die Determinante $\det(\mathcal{A})$ gleich der i-ten Stelle in der Diagonalen der Produktmatrix $\mathcal{A} \cdot \mathrm{ad}(\mathcal{A})$ und damit

$$\det(\mathcal{A}) = \sum_{j=1}^{n} a_{ij} \cdot \tilde{a}_{ji} = \sum_{j=1}^{n} a_{ij} \cdot \det(\mathcal{A}_{ij}) = \sum_{j=1}^{n} (-1)^{i+j} \cdot a_{ij} \cdot \det(U_{ij}(\mathcal{A}))$$

Womit der Laplace'sche Entwicklungssatz bewiesen ist. □

Bemerkung 2.3.6.
Wenn man Satz 2.2.1 oder die Darstellung von $\mathrm{ad}(\mathcal{A}) \cdot \mathcal{A}$ *im Beweis zu Satz 2.3.3 verwendet, lässt sich die Richtigkeit von Bemerkung 2.3.3 (1.) zeigen, dass man nämlich im Laplace'schen Entwicklungssatz anstelle nach Zeilen, auch nach Spalten entwickeln kann.*

Den Abschluss dieses Abschnitts bildet noch einmal ein umfangreicheres Beispiel zur Berechnung einer Determinante mit Hilfe des Laplace'schen Entwicklungssatzes

Beispiel 2.3.3.
Bestimmt werden soll die Determinante der folgenden (4×4)*-Matrix nach dem Laplace'schen Entwicklungssatz durch Entwicklung nach der 2.Zeile:*

$$
\begin{aligned}
\begin{vmatrix} 1 & 2 & 3 & 4 \\ 2 & 3 & 4 & 3 \\ 3 & 4 & 3 & 2 \\ 4 & 3 & 2 & 1 \end{vmatrix}
&= (-1)^{2+1}\, a_{21} \det(U_{21}) + (-1)^{2+2}\, a_{22} \det(U_{22}) \\
&\quad +(-1)^{2+3}\, a_{23} \det(U_{23}) + (-1)^{2+4}\, a_{24} \det(U_{24}) \\
&= -2 \cdot \det(U_{21}) + 3 \cdot \det(U_{22}) \\
&\quad -4 \cdot \det(U_{23}) + 3 \cdot \det(U_{24}) \\
&= -2 \cdot \begin{vmatrix} 2 & 3 & 4 \\ 4 & 3 & 2 \\ 3 & 2 & 1 \end{vmatrix} + 3 \cdot \begin{vmatrix} 1 & 3 & 4 \\ 3 & 3 & 2 \\ 4 & 2 & 1 \end{vmatrix} \\
&\quad -4 \cdot \begin{vmatrix} 1 & 2 & 4 \\ 3 & 4 & 2 \\ 4 & 3 & 1 \end{vmatrix} + 3 \cdot \begin{vmatrix} 1 & 2 & 3 \\ 3 & 4 & 3 \\ 4 & 3 & 2 \end{vmatrix} \\
&= -2 \cdot 0 + 3 \cdot (-10) - 4 \cdot (-20) + 3 \cdot (-10) \\
&= 20
\end{aligned}
$$

Ein Werk zur Ingenieurmathematik wie dieses soll sich nach einem formalen Abschnitt wie diesem immer auch mit Anwendungen und alternativen Deutungen der jeweiligen Inhalte befassen.

Gerade die Determinante hat in der Anwendung einiges zu bieten, was wir im Folgenden dann auch betrachten werden.

2.4 Anwendungen und geometrische Bedeutung der Determinante

2.4.1 Die Cramersche Regel

Der Schweizer Cramer [11] verwendete bereits im 18. Jh. das Konzept der Determinante zur Bestimmung der Lösung eines LGS. Dieses für „kleine“ quadratische Matrizen recht praktische Verfahren stellen wir hier vor.

Für das Verfahren nach Cramer gehen wir davon aus, dass die Koeffizientenmatrix $\mathcal{A} \in M(n \times n, \mathbb{R})$ eines LGS, $\mathcal{A} \cdot \vec{x} = \vec{b}$, regulär ist.

Unter dieser Voraussetzung könnte man grundsätzlich die Lösung des LGS mit Hilfe der Matrixinversen, $\mathcal{A}^{-1}$, berechnen (siehe [SM02]) und als Lösungsvektor ergäbe sich:

$$\vec{x} = \mathcal{A}^{-1} \cdot \vec{b}$$

Mit der Cramer'schen Regel lässt sich im Fall der quadratischen regulären Koeffizientenmatrix die Lösung auch ohne vorherige Bestimmung der Inversen $\mathcal{A}^{-1}$ angeben.

Satz 2.4.1. *(Cramer'sche Regel)*
Gegeben ist das (n, n)-LGS

$$\mathcal{A} \cdot \vec{x} = \vec{b} \tag{2.12}$$

mit der Koeffizientenmatrix $\mathcal{A} \in \mathrm{GL}(n)$ und $\vec{x}, \vec{b} \in \mathbb{R}^n$. Bildet man für $i = 1, \ldots, n$ diejenige Matrix Δ_i, welche entsteht, indem man die i-te Spalte von $\mathcal{A}$ durch den Vektor $\vec{b}$ ersetzt, so gilt für die i-te Komponente des eindeutigen Lösungsvektors $\vec{x}$:

$$x_i = \frac{\det(\Delta_i)}{\det(\mathcal{A})} \tag{2.13}$$

[11] Gabriel Cramer (1704-1752) war Mathematiker an der Genfer Akademie. Hier schlug er als Erster vor, die Vorlesungen nicht nur in Latein sondern auch in Französisch zu geben. Auf seinen Reisen traf er sich mit vielen der damaligen Großen in der Mathematik, u.a. mit J.Bernoulli, L. Euler, de Moivre und Stirling. In seinem Werk „Introduction à l'analyse des lignes courbes algèbriques“ führte er die nach ihm benannte Formel zur Lösung von lineraren Gleichungssystemen ein. Diese kann man als Grundstein für die Theorie der Determinanten ansehen.

Beweis.
Betrachten wir die Gleichung (2.12). Zu dieser kann man genau dann eine eindeutige Lösung finden, wenn $\det(\mathcal{A}) \neq 0$ gilt. In diesem Fall gibt es eine Inverse $\mathcal{A}^{-1}$ und wir können nach $\vec{x}$ auflösen:

$$\vec{x} = \mathcal{A}^{-1} \cdot \vec{b}$$

Nach Satz 2.2.3 gilt

$$\mathcal{A}^{-1} = (\det(\mathcal{A}))^{-1} \cdot \operatorname{ad}(\mathcal{A})$$

und damit

$$\vec{x} = (\det(\mathcal{A}))^{-1} \cdot \operatorname{ad}(\mathcal{A}) \cdot \vec{b}$$

Berechnet man auf der rechten Seite (Teil einer Übungsaufgabe) die i-te Komponente, so erhält man den Ausdruck in (2.13). □

Beispiel 2.4.1.
Wir betrachten das $(3,3)$*-LGS*

$$\mathcal{A} \cdot \vec{x} = \begin{pmatrix} 1 & 2 & 3 \\ 1 & 3 & 7 \\ 3 & 3 & -2 \end{pmatrix} \cdot \begin{pmatrix} x_1 \\ x_2 \\ x_3 \end{pmatrix} = \begin{pmatrix} 6 \\ 16 \\ -9 \end{pmatrix} = \vec{b}$$

Zuerst berechnen wir die Determinante von $\mathcal{A}$*:*

$$\begin{vmatrix} 1 & 2 & 3 \\ 1 & 3 & 7 \\ 3 & 3 & -2 \end{vmatrix} = -6 + 42 + 9 - 27 - 21 + 4 = 1 \Rightarrow \mathcal{A} \in \mathrm{GL}(3)$$

Im zweiten Schritt berechnen wir die Determinanten der Matrizen Δ_1*,* Δ_2 *und* Δ_3*:*

$$|\Delta_1| = \begin{vmatrix} 6 & 2 & 3 \\ 16 & 3 & 7 \\ -9 & 3 & -2 \end{vmatrix} = -36 - 126 + 144 + 81 - 126 + 64 = 1$$

$$|\Delta_2| = \begin{vmatrix} 1 & 6 & 3 \\ 1 & 16 & 7 \\ 3 & -9 & -2 \end{vmatrix} = -32 + 126 - 27 - 144 + 12 + 63 = -2$$

$$|\Delta_3| = \begin{vmatrix} 1 & 2 & 6 \\ 1 & 3 & 16 \\ 3 & 3 & -9 \end{vmatrix} = -27 + 96 + 18 - 54 - 48 + 18 = 3$$

Somit ergibt sich für die Komponenten des Lösungsvektors:

$$x_1 = \frac{|\Delta_1|}{|\mathcal{A}|} = \frac{1}{1} = 1\,, x_2 = \frac{|\Delta_2|}{|\mathcal{A}|} = -2 \text{ und } x_3 = \frac{|\Delta_3|}{|\mathcal{A}|} = 3$$

und damit der Lösungsvektor:

$$\vec{x} = \begin{pmatrix} 1 \\ -2 \\ 3 \end{pmatrix}$$

Auch wenn die Cramer'sche Regel eine kompakte Formulierung der Lösung eines gegebenen LGS ermöglicht, muss man generell die Vor- und Nachteile in der Anwendung auch mit angeben, denn nicht in allen Fällen ist die Cramer'sche Regel von großem Nutzen.

Bemerkungen 2.4.1.
Die Anwendung der Cramer'schen Regel ist

1. *in den folgenden Fällen von Vorteil,*
   (a) *falls nur zwei Gleichungen mit zwei Unbekannten vorliegen.*
   (b) *falls die Koeffizientenmatrix nicht Zahlen sondern Funktionen enthält.*
   (c) *falls man nicht an dem gesamten Lösungsvektor interessiert ist sondern nur an einzelnen Komponenten.*
   (d) *falls man eine geschlossenen Form der Lösung benötigt, z. B. bei theoretischen Überlegungen.*
2. *in den folgenden Fällen von Nachteil,*
   (a) *falls die Dimension des* (n,n)*-LGS* $(n > 3)$ *ist. In diesem Fall ist das Berechnen der Determinanten aufwendig.*
   (b) *falls die Koeffizientenmatrix nicht regulär ist. Das Verfahren funktioniert nur bei der eindeutigen Lösbarkeit des* (n,n)*-LGS.*

2.4.2 Darstellung des Vektorprodukts im $\mathbb{R}^3$

Eine weitere Anwendung der Determinante zeigt ihre Nützlichkeit bei der Berechnung des Vektorprodukts im $\mathbb{R}^3$. In [SM02] haben wir für zwei Vektoren $\vec{x} = (x_1, x_2, x_3)^T$ und $\vec{y} = (y_1, y_2, y_3)^T$ deren Vektorprodukt wie folgt definiert:

$$\vec{x} \times \vec{y} = \begin{pmatrix} x_2 \cdot y_3 - x_3 \cdot y_2 \\ x_3 \cdot y_1 - x_1 \cdot y_3 \\ x_1 \cdot y_2 - x_2 \cdot y_1 \end{pmatrix}$$

Man kann nun mit Hilfe der Determinanten das Vektorprodukt $\vec{x} \times \vec{y}$ berechnen, indem man die kanonischen (Spalten-)Einheitsvektoren $\vec{e}^{\,1}, \vec{e}^{\,2}, \vec{e}^{\,3} \in \mathbb{R}^3$ hinzu nimmt, denn es gilt:

$$\vec{x} \times \vec{y} = \begin{vmatrix} \vec{e}^{\,1} & \vec{e}^{\,2} & \vec{e}^{\,3} \\ x_1 & x_2 & x_3 \\ y_1 & y_2 & y_3 \end{vmatrix} \tag{2.14}$$

Dabei bestimmt man die Determinanten einfach nach dem Laplace'schen Entwicklungssatz oder der Regel von Sarrus, indem man die Einheitsvektoren formal wie reelle Zahlen behandelt.

Bemerkung 2.4.2.
Der Vorteil der Berechnung des Vektorprodukts mit Hilfe von (2.14) ist insbesondere darin begründet, dass sich die Vorzeichen in den einzelnen Zeilen von $\vec{x} \times \vec{y}$ automatisch korrekt aus der Berechnung der Determinante ergeben.

2.4.3 Geometrische Bedeutung

Betrachtet man die Spaltenvektoren einer quadratischen reellen Matrix $\mathcal{A}$, so ist der Wert der zu diesen Vektoren gehörenden Determinante $\det(\mathcal{A})$ geometrisch interpretierbar.

Wir beginnen mit der geometrischen Deutung der Determinante einer solchen Matrix $\mathcal{A} \in M(n \times n, \mathbb{R})$ für den Fall $n = 2$, übertragen dann die Interpretation auf $n = 3$, um mit allgemeinem $n \in \mathbb{N}$ abzuschließen.

$n = 2$: Parallelogrammfläche

Untersuchen wir zuerst die Fläche eines von zwei Ortsvektoren $\vec{a}, \vec{b} \in \mathbb{R}^2$ aufgespannten Parallelogramms.

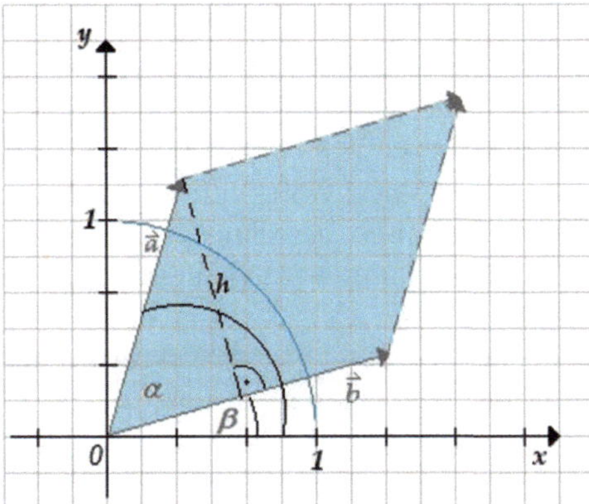

Abbildung 2.1: Parallelogramm aus Ortsvektoren

Die beiden Ortsvektoren sind dabei in Komponenten- und Winkeldarstellung gegeben durch

$$\begin{aligned} \vec{a} &= \begin{pmatrix} a_1 \\ a_2 \end{pmatrix} = |\vec{a}| \cdot \vec{e}_a = |\vec{a}| \cdot \begin{pmatrix} \cos(\alpha) \\ \sin(\alpha) \end{pmatrix} \\ \vec{b} &= \begin{pmatrix} b_1 \\ b_2 \end{pmatrix} = |\vec{b}| \cdot \vec{e}_b = |\vec{b}| \cdot \begin{pmatrix} \cos(\beta) \\ \sin(\beta) \end{pmatrix} \end{aligned}$$

Die Fläche A_P des Parallelogramms ist gleich dem Produkt aus Grundseite und Höhe, $A_P = |\vec{b}| \cdot h$, wobei sich die Höhe wie folgt berechnet[12]

$$\begin{aligned} h &= |\vec{a}| \cdot \sin(\alpha - \beta) \qquad (0 \leq (\alpha - \beta) \leq \pi) \\ &= |\vec{a}| \cdot (\sin(\alpha)\cos(\beta) - \sin(\beta)\cos(\alpha)) \\ &= |\vec{a}| \cdot \begin{vmatrix} \sin(\alpha) & \sin(\beta) \\ \cos(\alpha) & \cos(\beta) \end{vmatrix} \end{aligned}$$

Damit lässt sich die Fläche des Parallelogramms als Determinante der Matrix mit den Spaltenvektoren $\vec{a}, \vec{b}$ berechnen:

$$A_P = |\vec{b}| \cdot h = |\vec{b}| \cdot |\vec{a}| \cdot \begin{vmatrix} \sin(\alpha) & \sin(\beta) \\ \cos(\alpha) & \cos(\beta) \end{vmatrix} = \begin{vmatrix} a_1 & b_1 \\ a_2 & b_2 \end{vmatrix}$$

[12]Wir verwenden hier das Additionstheorem für den Sinus:

$$\sin(\alpha \pm \beta) = \sin(\alpha)\cos(\beta) \pm \sin(\beta)\cos(\alpha)$$

Eine zweite Variante der Berechnung der Parallelogrammfläche erhält man, wenn man das Vektorprodukt bemüht. Hierfür betten wir den $\mathbb{R}^2$ in den $\mathbb{R}^3$ in kanonischer Weise ein (z. B. bildet der $\mathbb{R}^2$ einfach die xy-Ebene). Wir wählen zwei Vektoren $\vec{a}, \vec{b} \in \mathbb{R}^2 \subset \mathbb{R}^3$. Dabei haben $\vec{a}$ und $\vec{b}$ als Vektoren im $\mathbb{R}^3$ den Wert Null in der dritten Komponente. Wie wir in [SM02] gezeigt haben, berechnet $|\vec{a}\times\vec{b}|$ die Fäche des Parallelogramms A_P. Das Parallelogramm wird allgemein auch als 2-dimensionales Parallelotop bezeichnet.
Verwenden wir die Darstellung (2.14) des Vektorprodukts, so ergibt sich mit dem Laplace'schen Entwicklungssatz (erste Zeile, dritte Spalte):

$$\vec{a} \times \vec{b} = \begin{vmatrix} \vec{e}^1 & \vec{e}^2 & \vec{e}^3 \\ a_1 & a_2 & 0 \\ b_1 & b_2 & 0 \end{vmatrix} = (a_1 b_2 - a_2 b_1)\vec{e}^3 \tag{2.15}$$

Definiert man mit $\mathcal{A} = (\vec{a}, \vec{b}\,)$ die (2×2)-Matrix gebildet aus den beiden Spaltenvektoren $\vec{a}, \vec{b} \in R^2$, so ergibt sich mit (2.15) die Fläche des Parallelogramms A_P

$$\mathrm{Vol}(P) := A_P = |\vec{a} \times \vec{b}| = \det(\mathcal{A}) \tag{2.16}$$

In der letzten Gleichung (2.16) haben wir für die Fläche A_P die allgemeine Bezeichnung $\mathrm{Vol}(P)$ für das Volumen eines Parallelotops eingeführt. Diese Bezeichnung findet auch für $n > 2$ Verwendung.

$n = 3$: Spatvolumen

Nun betrachten wir drei Vektoren $\vec{x}, \vec{y}, \vec{z} \in \mathbb{R}^3$, mit $\vec{x} = (x_1, x_2, x_3)^T$, $\vec{y} = (y_1, y_2, y_3)^T$ und $\vec{z} = (z_1, z_2, z_3)^T$. Nach [SM02] stellt der Betrag des Spatprodukts $|\langle \vec{x}, \vec{y}, \vec{z}\,\rangle| = |\langle \vec{x} \times \vec{y}, \vec{z}\,\rangle|$ das Volumen des Spats (dem 3-dimensionalen Parallelotop) aufgespannt von den drei Vektoren dar. Mit Hilfe der Darstellung des Vektorprodukts (2.14) gilt folglich

$$\begin{aligned}
\mathrm{Vol}(P) &= |\langle \vec{x} \times \vec{y}, \vec{z}\,\rangle| = \left| \left\langle \det \begin{pmatrix} \vec{e}^1 & \vec{e}^2 & \vec{e}^3 \\ x_1 & x_2 & x_3 \\ y_1 & y_2 & y_3 \end{pmatrix}, \begin{pmatrix} z_1 \\ z_2 \\ z_3 \end{pmatrix} \right\rangle \right| \\
&= |z_1(x_2 y_3 - x_3 y_2) - z_2(x_1 y_3 - x_3 y_1) + z_3(x_1 y_2 - x_2 y_1)| \\
&= \left| \det \begin{pmatrix} x_1 & x_2 & x_3 \\ y_1 & y_2 & y_3 \\ z_1 & z_2 & z_3 \end{pmatrix} \right| = \left| \det \begin{pmatrix} x_1 & y_1 & z_1 \\ x_2 & y_2 & z_2 \\ x_3 & y_3 & z_3 \end{pmatrix} \right|
\end{aligned}$$

Damit ist das Spatvolumen gleich dem Betrag der Determinante der Matrix mit den Vektoren $\vec{x}, \vec{y}, \vec{z}$ als Spaltenvektoren.

Volumen eines allgemeinen Parallelotops im $\mathbb{R}^n$

Analog zu den Definitionen im $\mathbb{R}^2$ und $\mathbb{R}^3$ kann man auch das Volumen eines Parallelotops im $\mathbb{R}^n$ definieren und zwar als das von den Vektoren $\vec{v}_1, \ldots, \vec{v}_n \in \mathbb{R}^n$ aufgespannte n-dimensionale Hypervolumen.
Formal definiert man dieses Hypervolumen durch den Betrag der $(n \times n)$-Matrix, welche die n Vektoren als Zeilenvektoren besitzt:

Definition 2.4.1. *(Parallelotopvolumen)*
Gegeben seien Vektoren $\vec{v}_1, \ldots, \vec{v}_n \in \mathbb{R}^n$. Man bildet die $(n \times n)$-Matrix

$$\mathcal{A} = (\vec{v}_1 \, \vec{v}_2 \, \ldots \, \vec{v}_n)^T$$

Das **Volumen des n-dimensionalen Parallelotops** *$\mathcal{P}$, das durch die Vektoren $\vec{v}_1, \ldots, \vec{v}_n$ aufgespannt wird, definiert man durch:*

$$\mathrm{Vol}(\mathcal{P}) = |\det(\mathcal{A})|$$

Bemerkung 2.4.3.

1. *Die Definition 2.4.1 ist eindeutig, denn eine Vertauschung von Zeilen innerhalb der Matrix $\mathcal{A}$ ändert zwar das Vorzeichen, nicht aber den Wert des Betrags der Determinante.*

2. *Wegen Satz 2.2.1 kann man $\mathcal{A}$ auch aus den zugehörigen n Spaltenvektoren $\vec{v}^{\,i} = (\vec{v}_i)^T$, $i = 1, \ldots, n$, aufbauen: $\mathcal{A} = \left(\vec{v}^{\,1} \, \vec{v}^{\,2} \, \ldots \, \vec{v}^{\,n}\right)$.*

3. *Rückblickend enthält die Definition 2.4.1 auch die Festlegung der Berechnungen der Fläche eines Parallelogramms im $\mathbb{R}^2$ und des Spatvolumens im $\mathbb{R}^3$.*

Eine Frage bleibt noch zum Volumen eines Parallelotops, die wir durch Verwendung des Betrags in der Definition bisher noch umgangen haben.

„Wie kann man das Vorzeichen der Determinante $\det(\vec{v}_1 \, \vec{v}_2 \, \ldots \, \vec{v}_n)$ deuten?“

Zur Beantwortung betrachten wir die Determinante der Einheitsmatrix.

$$\det(\mathcal{E}_n) = \det(\vec{e}^{\,1} \, \ldots \, \vec{e}^{\,n}) = 1$$

Die Matrix $\mathcal{E}_n$ besteht dabei aus den n kanonischen Einheitsvektoren $\vec{e}^{\,1}, \ldots, \vec{e}^{\,n} \in \mathbb{R}^n$ als Spaltenvektoren. Diese spannen in der gegebenen Reihenfolge das von ihnen erzeugte Parallelotop, den Einheitswürfel im $\mathbb{R}^n$, mit dem Hypervolumen 1 auf.
Jeder der kanonischen Einheitsvektoren zeigt auf den Skalenpunkt 1 einer Koordinatenachse im zum $\mathbb{R}^n$ gehörenden Koordinatensystem.
Das Koordinatensystem besitzt, sagt man, eine feste, durch die Reihenfolge der Vektoren $\vec{e}^{\,1}, \ldots, \vec{e}^{\,n}$ als Spaltenvektoren der Matrix $\mathcal{E}_n$ vorgegebene Orientierung.
Das Vertauschen von zwei der Spaltenvektoren in $\mathcal{E}_n$, z. B. in $\tilde{\mathcal{E}}_n = \mathcal{E}_n \cdot V_{ij}$, führt zu einer Änderung der Orientierung und es gilt $\det(\tilde{\mathcal{E}}_n) = -1$.

Definition 2.4.2. *(Orientierung)*
Seien $\mathcal{B}_1 = \{\vec{v}_1, \ldots, \vec{v}_n\}$ und $\mathcal{B}_2 = \{\vec{w}_1, \ldots, \vec{w}_n\}$ zwei Basen des $\mathbb{R}^n$. Dann sagt man $\mathcal{B}_1$ und $\mathcal{B}_2$ besitzen die **gleiche Orientierung**, *falls*

$$\operatorname{sgn}(\det(\vec{v}_1 \ldots \vec{v}_n)) = \operatorname{sgn}(\det(\vec{w}_1 \ldots \vec{w}_n))$$

In Zeichen: $\mathcal{B}_1 \sim \mathcal{B}_2$. Andernfalls heißen $\mathcal{B}_1$ und $\mathcal{B}_2$ **entgegengesetzt orientiert**.

Bemerkungen 2.4.4.

1. *In Definition 2.4.2 steht* $\operatorname{sgn}(x)$ *für das Vorzeichen (Signum) von $x \in \mathbb{R}$, wobei sgn wie folgt festgelegt sei* [13]*:*

   $$\operatorname{sgn}(x) = 1 \text{ für } x \in \mathbb{R}^+ \text{ und } \operatorname{sgn}(x) = -1 \text{ für } x \in \mathbb{R}^-$$

2. *Durch "$\sim$" aus Definition 2.4.2 wird auf der Menge M aller Basen des $\mathbb{R}^n$ eine Äquivalenzrelation definiert (zu Äquivalenzrelationen vgl. [SM01]).*

3. *Aufgrund der Äquivalenzrelation zerfällt die Menge M in zwei disjunkte Teilmengen M_1 und M_2 mit $M = M_1 \cup M_2$. Diese beiden Teilmengen nennt man* **Orientierungen** *von $\mathbb{R}^n$.*
   Damit ist eine Orientierung eine Äquivalenzklasse gleichorientierter Basen. Es gibt genau zwei mögliche Orientierungen und keine von beiden ist ausgezeichnet.

4. *Die Definition 2.4.2 wie auch die Bemerkungen 2. und 3. lassen sich auch auf einen allgemeinen reellen n-dimensionalen Vektorraum V (wörtlich) übertragen.*

[13] $\operatorname{sgn} : \mathbb{R} \to \{-1, 0, 1\}$ steht allgemein für die Signumfunktion, mit der noch fehlenden Festlegung $\operatorname{sgn}(0) = 0$.

Liegt eine Basis $\mathcal{B}_1 = \{\vec{v}_1, \ldots, \vec{v}_n\}$ eines n-dimensionalen Vektorraums V vor, so kann man sich fragen, wie sich die Orientierung ändert, wenn man die Reihenfolge der Vektoren wechselt. Hier ist eine Antwort für den $\mathbb{R}^n$, die auch auf einen n-dimensionalen Vektorraum übertragen werden kann.

Proposition 2.4.1.
Sind $\mathcal{B}_1 = \{\vec{v}_1, \ldots, \vec{v}_n\}$ *eine Basis des* $\mathbb{R}^n$ *und* $\sigma : \{1, \ldots, n\} \longrightarrow \{1, \ldots, n\}$ *eine Permutation. Dann sind folgende Aussagen äquivalent:*

1. *Die Basen* $\mathcal{B}_1 = \{\vec{v}_1, \ldots, \vec{v}_n\}$ *und* $\mathcal{B}_2 = \{\vec{v}_{\sigma(1)}, \ldots, \vec{v}_{\sigma(n)}\}$ *sind gleichorientiert.*

2. $\operatorname{sign}(\sigma) = 1$.

Eine tieferliegende Bedeutung der Orientierung wird erst unter Einbeziehung der sog. Topologie deutlich. Allerdings ist die Topologie als Teilgebiet der Mathematik eines, welches wir hier noch nicht behandeln wollen, zumal die bisherige Betrachtung der Orientierung als Grundlage für Anwendungsdiskussionen im Bachelorbereich ausreichend ist.

Im $\mathbb{R}^3$ kann man die Orientierung des Vektorprodukts im Vergleich zur Orientierung der kanonischen Basis wie folgt darstellen.

Proposition 2.4.2.
Es seien $\vec{v}, \vec{w} \in \mathbb{R}^3$ *linear unabhängig. Dann sind die Basen*

$$\{\vec{e}_1, \vec{e}_2, \vec{e}_3\} \text{ und } \{\vec{v}, \vec{w}, \vec{v} \times \vec{w}\}$$

in der gegebenen Reihenfolge immer gleichorientiert.

Beispiel 2.4.2.
Seien $\vec{v} = (1, 2, 3)^T$ *und* $\vec{w} = (-1, 0, 1)^T$. *Dann folgt*

$$\vec{v} \times \vec{w} = (2, -4, 2)^T = -(\vec{w} \times \vec{v})$$

und für die Orientierungen von $\{\vec{v}, \vec{w}, \vec{v} \times \vec{w}\}$ *und* $\{\vec{v}, \vec{w}, \vec{w} \times \vec{v}\}$ *gilt*

$$\operatorname{sgn}\left(\det(\vec{v}\,\vec{w}\,(\vec{v} \times \vec{w}))\right) = \operatorname{sgn}\left(\begin{vmatrix} 1 & -1 & 2 \\ 2 & 0 & -4 \\ 3 & 1 & 2 \end{vmatrix}\right) = \operatorname{sgn}(24) = 1$$

$$\operatorname{sgn}\left(\det(\vec{v}\,\vec{w}\,(\vec{w} \times \vec{v}))\right) = \operatorname{sgn}\left(\begin{vmatrix} 1 & -1 & -2 \\ 2 & 0 & 4 \\ 3 & 1 & -2 \end{vmatrix}\right) = \operatorname{sgn}(-24) = -1$$

2.4.4 Determinante einer linearen Abbildung

Zum Abschluss dieses Kapitels über Determinanten werden wir noch ausnutzen, dass Endomorphismen als lineare Abbildungen auf einem endlich dimensionalen Vektorraum durch quadratische Matrizen repräsentiert werden können, weshalb sich für solche Matrizen die Bedeutung ihrer Determinanten untersuchen lässt.
Beginnen wir damit, einer linearen Abbildung T eines $\mathbb{K}$ Vektorraums V auf sich selbst eine Determinante zuordnen. Dazu sei $T \in \mathrm{End}(V)$

$$T : V \longrightarrow V$$

ein Endomorphismus (eine lineare Abbildung von V nach V).
Wir nehmen an, dass V ein n-dimensionaler Vektorraum ist ($n \in \mathbb{N}$). Dann kann man eine Basis $\mathcal{V} = \{\vec{v}_1, \ldots, \vec{v}_n\}$ von V finden, zu welcher dann (siehe [SM02]) eine eindeutig bestimmte Matrix $\mathcal{A} \in M(n \times n, \mathbb{K})$ existiert, mit

$$T(\vec{v}_j) = \vec{a}^j$$

wobei $\vec{a}^j$ der j-Spaltenvektor von $\mathcal{A}$ ist.
Mit dieser Vorarbeit lässt sich nun die Determinante von F definieren.

Definition 2.4.3.
Sei V ein endlich dimensionaler $\mathbb{K}$-Vektorraum, $T \in \mathrm{End}(V)$ und $\mathcal{A} \in M(n \times n, \mathbb{K})$ die T darstellende Matrix. Dann ist die Determinante von T definiert durch

$$\det(T) = \det(\mathcal{A}) \tag{2.17}$$

Bemerkung 2.4.5.
Definition 2.4.3 ist unabhängig von der Wahl der Basis, denn sei eine weitere Basis von V gegeben durch $\mathcal{W} = \{\vec{w}_1, \ldots, \vec{w}_n\}$, dann existiert (siehe [SM02]) eine eindeutig bestimmte invertierbare Matrix $\mathcal{B}$ mit

$$\vec{w}_j = \mathcal{B} \cdot \vec{v}_j \text{ für alle } j = 1, \ldots, n.$$

Die Matrix $\mathcal{B}$ stellt einen **Automorphismus** *dar, d. h. einen bijektiven Endomorphismus auf V. Dieser Automorphismus vermittelt den Wechsel von der Basis $\mathcal{V}$ zur Basis $\mathcal{W}$. Mit Hilfe von $\mathcal{B}$ folgt, dass $\mathcal{B} \cdot \mathcal{A} \cdot \mathcal{B}^{-1}$ die lineare Abbildung T bezüglich der Basis $\mathcal{W}$ wiedergibt. Nach dem Determinantenmultiplikationssatz folgt dann*

$$\det(T) = \det(\mathcal{B} \cdot \mathcal{A} \cdot \mathcal{B}^{-1}) = \det(\mathcal{B}) \cdot \det(\mathcal{A}) \cdot \det(\mathcal{B}^{-1}) = \det(\mathcal{A})$$

und so die Eindeutigkeit der Definition durch (2.17).

Eine erste Bedeutung der Determinante einer linearen Abbildung formuliert sich in der nachfolgenden Proposition für lineare surjektive Abbildungen zwischen Vektorräumen endlicher und gleicher Dimension, zumal diese zudem bijektiv und damit invertierbar sind.

Proposition 2.4.3.
Es seien V ein endlich dimensionaler $\mathbb{K}$-Vektorraum und $T \in \mathrm{End}(V)$. T ist genau dann eine surjektive (und damit bijektive) lineare Abbildung auf V, wenn $\det(T) \neq 0$ *gilt.*

(Der Beweis zu Proposition 2.4.3 ist Teil der Übungen.)

Wenn wir also eine lineare Abbildung $T : V \longrightarrow V$, $T \in \mathrm{End}(V)$, mit darstellender Matrix $\mathcal{A}$ (bezogen auf eine feste Basis $\mathcal{V}$ von V) vor uns haben, so würden wir gerne der Zahl $\det(T) = \det(\mathcal{A})$ eine allgemeine Bedeutung zuweisen.

Bis jetzt wissen wir, dass $\mathcal{A}$ und damit T genau dann invertierbar sind, wenn $\det(\mathcal{A}) \neq 0$.

> Doch kann man mit $\det(T)$ noch weitere Bedeutungen finden?

Im nächsten Kapitel werden wir mit diesem Konzept die wichtigen Begriffe „Eigenwerte“ und „Eigenvektoren“ einer linearen Abbildung F einführen und genauer untersuchen.

2.4.5 Kurzaufgaben zum Verständnis

1. Ist $\mathcal{A}$ eine (3×3)-Matrix mit $\det(\mathcal{A}) = -9$, dann ist das Volumen des Bildes des Einheitswürfels unter $\mathcal{A}$ gleich 9:

   □ wahr □ falsch

2. Für das Kreuzprodukt von zwei Vektoren $\vec{x}, \vec{y} \in \mathbb{R}^3$ gilt:

$$\vec{x} \times \vec{y} = \begin{vmatrix} \vec{e}^1 & x_1 & y_1 \\ \vec{e}^2 & x_2 & y_2 \\ \vec{e}^3 & x_3 & y_3 \end{vmatrix}$$

   □ wahr □ falsch

3. Es gibt orthogonale Matrizen $\mathcal{A} \in M(n \times n, \mathbb{R})$, d. h. $\mathcal{A}^T = \mathcal{A}^{-1}$ mit $\det(\mathcal{A}) = 2$.

   □ wahr □ falsch

4. Ist $\det(\mathcal{A}^2) = 1$, so ist $\mathcal{A}$ immer eine orthogonale Matrix.

   □ wahr □ falsch

5. Die Aussage „Die Adjunkte ist eine komplementäre Matrix.“ ist

   □ wahr □ falsch

6. Die Aussage „Die Kofaktormatrix ist immer eine Adjunkte.“ ist

   □ wahr □ falsch

7. Für ein Paar von Spaltenvektoren $\vec{x}, \vec{y} \in \mathbb{R}^2$ berechnet $\frac{1}{2} \cdot \det(\vec{x}\,\vec{y})$ die Fläche eines Dreiecks.

   □ wahr □ falsch

2.4.6 Übungen

Lösungsvideos zu den Übungen können auf www.lsgn24h.de über die Eingabe des Lösungscodes abgerufen werden.

Kl A:

1. Berechnen Sie, wenn möglich, jeweils die Determinante der folgenden Matrizen

$$\mathcal{A} = \begin{pmatrix} 7 & 2 & -1 & 5 \\ 0 & 1 & 6 & 3 \\ -2 & 0 & -1 & 2 \\ 0 & 5 & 9 & 0 \end{pmatrix}, \ \mathcal{B} = \begin{pmatrix} 4 & 1 & -1 & 2 & 2 \\ 7 & 9 & 5 & 9 & 8 \\ -2 & 0 & -6 & 0 & 0 \\ 7 & 5 & 0 & 0 & 0 \\ 8 & 0 & 0 & 0 & 0 \end{pmatrix},$$

$$\mathcal{C} = \begin{pmatrix} 1 & 0 & 0 & 0 & 0 & 3 \\ 0 & 1 & 0 & 0 & 3 & 1 \\ 0 & 0 & 0 & 2 & 1 & 2 \\ 0 & 0 & -5 & 0 & 2 & 1 \\ 0 & 3 & 3 & -3 & 1 & 3 \\ -2 & 4 & 0 & 0 & 2 & 2 \end{pmatrix}$$

(Lösungscode: SB03DE1A001)

2. Gegeben sind die Vektoren

$$\vec{x} = (6, 0, 2)^T, \vec{y} = (2, 0, 2)^T, \vec{z} = (-4, 2, -2)^T$$

und die Vektoren

$$\vec{u} = (0, 1, 3)^T, \vec{v} = (0, 1, 1)^T, \vec{w} = (1, -1, -2)^T$$

(a) Man berechne das Volumen des durch die Vektoren $\vec{x}, \vec{y}, \vec{z}$ aufgespannten Spats. Sind die Vektoren $\vec{x}, \vec{y}, \vec{z}$ linear unabhängig?

Lösungscode: SB03DE1A002

(b) Begründen Sie, dass die Vektoren $\vec{u}, \vec{v}, \vec{w}$ linear unabhängig sind.

Lösungscode: SB03DE1A003

(c) Sind die Basen $\mathcal{B}_1 = \{\vec{x}, \vec{y}, \vec{z}\}$ und $\mathcal{B}_2 = \{\vec{u}, \vec{v}, \vec{w}\}$ gleichorientiert.

Lösungscode: SB03DE1A004

3. Zeigen Sie die Richtigkeit von Gleichung (2.14).

Lösungscode: SB03DE1A005

4. Berechnen Sie die komplementäre Matrix zu

$$\mathcal{A} = \begin{pmatrix} 1 & 2 & 3 \\ 4 & 5 & 6 \\ 7 & 8 & 9 \end{pmatrix}$$

Lösungscode: SB03DE1A006

5. Lösen Sie mit der Cramer'schen Regel das $(2,2)$-LGS

$$\begin{aligned} 2x_1 + x_2 &= 2 \\ 4x_1 + 3x_2 &= -2 \end{aligned}$$

(Lösungscode: SB03DE1A007)

6. Lösen Sie mit Hilfe der Cramer'schen Regel das folgende $(3,3)$-LGS

$$\begin{aligned} 2x + 4y + 6z &= 12 \\ x + 3y + 7z &= 16 \\ 3x + 3y - 2z &= -9 \end{aligned}$$

(Lösungscode: SB03DE1A008)

7. Berechnen Sie bei den gegebenen Vektoren jeweils die Fläche des von ihnen aufgespannten Parallelogramms

   (a) $\vec{v} = (2,1)^T$, $\vec{w} = (4,-3)^T$

   (Lösungscode: SB03DE1A009)

   (b) $\vec{x} = (7,8)^T$, $\vec{y} = (-2,1)^T$

   (Lösungscode: SB03DE1A010)

Kl B:

1. Gegeben seien die Vektoren

$$\vec{w} = (3,4,3,2)^T \,, \vec{x} = (4,3,2,1)^T \,, \vec{y} = (1,2,3,4)^T \,, \vec{z} = (2,3,4,3)^T$$

   (a) Berechnen Sie das Volumen des von den Vektoren $\vec{x}, \vec{w}, \vec{z}, \vec{y}$ aufgespannten Parallelotops.

   (Lösungscode: SB03DE1B001)

   (b) Sind $\{\vec{w}, \vec{x}, \vec{y}, \vec{z}\}$ und die Einheitsvektorbasis $\{\vec{e}_1, \vec{e}_2, \vec{e}_3, \vec{e}_4\}$ gleichorientiert?

   (Lösungscode: SB03DE1B002)

2. Bestimmen Sie

$$D = \det \begin{pmatrix} \sin(\varphi)\cdot\sin(\theta) & r\cdot\cos(\varphi)\cdot\sin(\theta) & r\cdot\sin(\varphi)\cdot\cos(\theta) \\ \cos(\varphi)\cdot\sin(\theta) & -r\cdot\sin(\varphi)\cdot\sin(\theta) & r\cdot\cos(\varphi)\cdot\cos(\theta) \\ \cos(\theta) & 0 & -r\cdot\sin(\theta) \end{pmatrix}$$

   mit $r > 0$ und $\varphi, \theta \in [0, 2\pi[$.
   D stellt eine Volumeneinheit in Kugelkoordinaten dar.

   (Lösungscode: SB03DE1B003)

3. Folgern Sie aus den Eigenschaften (Det I) und (Det II) für die Determinante einer $(n \times n)$-Matrix $\mathcal{A} = (\vec{a}_1 \ \ldots \ \vec{a}_n)^T$:

$$\forall\, 1 \le i < j \le n \ \forall\, \lambda \in \mathbb{K}:$$

$$\begin{aligned} \det(\ldots\ \vec{a}_i + \lambda\vec{a}_j\ \ldots\ \vec{a}_j \ldots)^T &= \det(\ldots\ \vec{a}_i\ \ldots\ \vec{a}_j \ldots)^T \\ &\quad +\lambda\cdot\det(\ldots\ \vec{a}_j\ \ldots\ \vec{a}_j \ldots)^T \\ &= \det(\ldots\ \vec{a}_i\ \ldots\ \vec{a}_j \ldots)^T \end{aligned}$$

   Gilt die Aussage auch für $j < i$?

   (Lösungscode: SB03DE1B004)

4. Führen Sie den Beweis zu Bemerkung 2.3.5 2. mit Hilfe von Aufgabe Kl B, 3. genauer aus.

   (Lösungscode: SB03DE1B005)

5. Geben Sie für die Bemerkungen 2.4.4 2., 3. und 4. jeweils eine formale Begründung.

(Lösungscode: SB03DE1B006)

6. Lösen Sie mittels Cramerscher Regel das komplexe Gleichungssystem

$$\begin{pmatrix} 1+i & 13 & 0 & i \\ 1+\frac{1}{2}i & -i & \frac{1}{3} & 2 \\ 1 & 1 & 0 & 2i \\ 0 & 1 & 7i & 1 \end{pmatrix} \begin{pmatrix} x_1 \\ x_2 \\ x_3 \\ x_4 \end{pmatrix} = \begin{pmatrix} \frac{7}{3} \\ 3-i \\ 0 \\ 1 \end{pmatrix}$$

(Lösungscode: SB03DE1B007)

7. Berechnen Sie bei den gegebenen Punkten jeweils die Fläche des von ihnen aufgespannten Dreiecks

(a) $A(3,5)\,,\ B(1,1)\,,\ C(4,2) \in \mathbb{R}^2$

(Lösungscode: SB03DE1B008)

(b) $A_1(3,9)\,,\ B_1(7,5)\,,\ C_1(-2,2) \in \mathbb{R}^2$

(Lösungscode: SB03DE1B009)

8. Berechnen Sie die inverse Matrix zu

$$\begin{pmatrix} 1 & 0 & -1 \\ 3 & 1 & -3 \\ 1 & 2 & -2 \end{pmatrix}$$

(Lösungscode: SB03DE1B010)

Kl C:

1. Gegeben ist die Matrix

$$\mathcal{A} = \begin{pmatrix} 1 & 1 & 1 \\ 12 & 15 & 120 \\ 20 & 15 & 80 \end{pmatrix}$$

Beurteilen Sie, ob ein LGS mit Koeffizientenmatrix $\mathcal{A}$ lösbar ist und falls ja, ob es dann eindeutig lösbar ist oder wie groß die Anzahl der frei wählbaren Parameter wäre (Begründung!). Bestimmen Sie zur rechten Seite $b = (1,2,3)^T$ die Menge aller Lösungen.

(Lösungscode: SB03DE1C001)

2. Geben Sie einen Beweis für Proposition 2.4.1.

(Lösungscode: SB03DE1C002)

3. Wir betrachten eine Blockdreiecksmatrix $\mathcal{M} \in M(n \times n, \mathbb{R})$, der Form

$$\mathcal{M} = \begin{pmatrix} \mathcal{A} & \mathcal{O} \\ \mathcal{C} & \mathcal{B} \end{pmatrix},$$

$\mathcal{O} \in M(m \times (n-m), \mathbb{R})$ ist eine Nullmatrix, $\mathcal{A} \in M(m \times m; \mathbb{R})$, $\mathcal{B} \in M((n-m) \times (n-m); \mathbb{R})$ und $\mathcal{C} \in M((n-m) \times m; \mathbb{R})$.

Man zeige, dass Folgendes gilt:

$$\det(\mathcal{M}) = \det(\mathcal{A}) \cdot \det(\mathcal{B})$$

(Lösungscode: SB03DE1C003)

4. In $\mathbb{R}^3$ seien die linear unabhängigen Vektoren $\vec{a}, \vec{b}, \vec{c}$ und ein weiterer Vektor $\vec{r}$ gegeben. Zeigen Sie

   (a) $\langle(\vec{a} \times \vec{b}), \vec{c}\rangle \neq 0$.

   (Lösungscode: SB03DE1C004)

   (b) Definiert man

$$x_1 = \frac{\langle(\vec{r} \times \vec{b}), \vec{c}\rangle}{\langle(\vec{a} \times \vec{b}), \vec{c}\rangle}, \; x_2 = \frac{\langle(\vec{a} \times \vec{r}), \vec{c}\rangle}{\langle(\vec{a} \times \vec{b}), \vec{c}\rangle}, \; x_3 = \frac{\langle(\vec{a} \times \vec{b}), \vec{r}\rangle}{\langle(\vec{a} \times \vec{b}), \vec{c}\rangle}$$

   so zeigen Sie, dass dann gilt

$$x_1\vec{a} + x_2\vec{b} + x_3\vec{c} = \vec{r}$$

   (Lösungscode: SB03DE1C005)

5. Berechnen Sie aus den gegebenen Punkten die Fläche des von ihnen aufgespannten Dreiecks

$$A(-1, 6, 1)\,,\; B(4, 1, 1)\,,\; C(3, 8, 2) \in \mathbb{R}^3$$

(Lösungscode: SB03DE1C006)

6. Entscheiden Sie, für welche $\alpha \in \mathbb{K}$ die folgenden Matrizen $\mathcal{A}_i \in M(3 \times 3, \mathbb{K})$, $i = 1, 2$ eine Inverse besitzen und bestimmen Sie diese:

$$\mathcal{A}_1 = \begin{pmatrix} 1 & 1 & 1 \\ 1 & 1 & \alpha \\ 1 & \alpha & 1 \end{pmatrix}, \mathcal{A}_2 = \begin{pmatrix} \alpha & 1 & 0 \\ 1 & \alpha & 1 \\ 0 & 1 & \alpha \end{pmatrix}$$

(Lösungscode: SB03DE1C007)

7. Sei

$$\mathcal{A} = \begin{pmatrix} 0 & 0 & a & b \\ 0 & 0 & b & a \\ 1 & 0 & 0 & 0 \\ 0 & -1 & 0 & 0 \end{pmatrix} \in M(4 \times 4, \mathbb{R})$$

Berechnen Sie $a, b \in \mathbb{R}$, sodass $\mathcal{A}$ invertierbar ist. Bestimmen Sie $\det(\mathcal{A})$ und $\mathcal{A}^{-1}$, falls $\mathcal{A}$ invertierbar sein sollte.

(Lösungscode: SB03DE1C008)

Kl D:

1. Für Zahlen $x_1, \ldots, x_n \in \mathbb{K}$ definieren wir die *Vandermondesche Matrix*

$$V(x_1, \ldots, x_n) = \begin{pmatrix} 1 & x_1 & x_1^2 & \ldots & x_1^{n-1} \\ 1 & x_2 & x_2^2 & \ldots & x_2^{n-1} \\ \vdots & \vdots & \vdots & \ddots & \vdots \\ 1 & x_n & x_n^2 & \ldots & x_n^{n-1} \end{pmatrix}$$

Unter Verwendung des Laplaceschen Entwicklungssatzes und mittels vollständiger Induktion beweisen Sie:

$$\det(V(x_1, \ldots, x_n)) = \prod_{1 \leq j < k \leq n} (x_k - x_j)$$

(Lösungscode: SB03DE1D001)

2. Zeigen Sie: Ist $\sigma : \{1,\ldots,n\} \longrightarrow \{1,\ldots,n\}$ für ein $n \in \mathbb{N}$ eine Permutation, dann existieren Transpositionen

$$\tau_i : \{1,\ldots,n\} \longrightarrow \{1,\ldots,n\}\,, \; i = 1,\ldots,m$$

derart, dass $\sigma = \tau_m \circ \ldots \circ \tau_1$. (Hinweis: Vollständige Induktion, siehe [SM01])

(Lösungscode: SB03DE1D002)

3. Führen Sie den Beweis von Satz 2.2.2 vollständig aus.

(Lösungscode: SB03DE1D003)

4. Führen Sie den Beweis zu Proposition 2.4.2 aus.

(Lösungscode: SB03DE1D004)

5. Beweisen Sie die Proposition 2.4.3.

(Lösungscode: SB03DE1D005)

3. Eigenwerte, Diagonalisierung und Basistransformation

Es gibt nichts Praktischeres als eine gute Theorie

Immanuel Kant (1724 - 1804)

3.1 Eigenwerte und Eigenvektoren

In der Mathematik und Technik interessiert man sich für die Vektoren $\vec{x}$, die ihre Richtung unter einer linearen Abbildung nicht verändern, sondern höchstens ihren Betrag. So dreht sich z. B. ein Kreisel um eine Achse, deren Richtungsvektor unter der Drehung eine konstante Richtung besitzt, ein Tornado dreht sich in seinem Auge um eine Achse, welche sich zum Tornado „in Ruhe" befindet und bei der digitalen Bildbearbeitung existiert bei der Scherung eines Bildes immer eine konstante Richtung, in der die Bildpunkte nicht ihre Anordnung verändern.
Zu Drehungen und Scherungen im Raum gehören folglich Richtungen (Vektoren), welche der jeweiligen Abbildung inne wohnen, ihr zu „eigen" sind. Diese Vektoren nennt man Eigenvektoren und sie sind abhängig von einer zweiten eigenen Größe, den Eigenwerten der zugehörigen Abbildung.
Eigenwerte wie Eigenvektoren wurden bereits im 18. Jahrhundert von Euler zur Untersuchung der Rotation fester Körper und von Lagrange

G. Schlüchtermann und N. Mahnke, *Basiswissen Ingenieurmathematik Band 3*, https://doi.org/10.1007/978-3-658-39600-8_3

zur Ananlyse des Trägheitsmoments verwendet. Beide nutzten die Begriffe noch nicht und es war Fourier, der das Konzept von solchen Vektoren und Werten erstmals in einem mehr mathematischen Kontext einsetzte. Weitere Mathematiker folgten, unter ihnen Sturm, Cauchy, Hermite, Liouville, Clebsch, Weierstrass und Poincaré.
Anfang des 20. Jh. war es schliesslich D. Hilbert, der bei der Untersuchung von Integraloperatoren als unendliche Matrizen den Begriff "Eigenwert" und "Eigenvektor" einführte. Basierend auf seiner Arbeit wurde das Präfix „Eigen-" dann auch in andere Sprachen eingebürgert.[1]
Die Lösungen des Eigenwertproblems, also das Auffinden und Bestimmen von Eigenwerten und Eigenvektoren, ist für viele Bereiche in den Anwendungen von überragender Bedeutung. Eine (unvollständige) Liste dieser Anwendungen umfasst Gebiete der Mechanik (Knicklast, Schwingungstheorie, Balkentheorie), der Festigkeitslehre (Steifigkeit, Deformation, Spannungstheorie), der Stochastik (Markov-Ketten), des Internets (Suchsteuerung bei Google) und natürlich der Physik (Drehimpuls, Quantenmechanik).

[1] David Hilbert (1869-1943) gilt als einer der bedeutendsten Mathematiker der Neuzeit. Seine wegweisenden Beiträge leistete er auf den Gebieten der algebraischen Geometrie, der Geometrie, der Zahlentheorie, der Logik und der mathematischen Physik. In Königsberg geboren studierte und promovierte er unter Lindemann. Dort lernte er u.a. C.G.J. Jacobi, J. Bessel, Franz Neumann und vor allem seinen lebenslangen Freund H. Minkowski kennen. Nach seiner Promotion wurde er durch F. Klein gefördert, der ihm zu einem Aufenthalt in Paris riet, wo er vor allem von S. Lie, C. Hermite, H. Poincaré und C. Jordan nachhaltig beeinflusst wurde. 1895 schließlich, auf Betreiben von F. Klein, wurde er nach der Habilitation nach Göttingen berufen. Dort begründeter er eine Schule von Weltruhm. Viele seiner Kollegen mussten nach der Machtergreifung der Nationalsozialisten 1933 ihre Tätigkeit einstellen oder emigrieren darunter E. Landau, R. Courant, M. Born F. Bernstein E. Noether und O. Blumenthal. Zu seinen Doktoranden, kein Professor hatte in Deutschland mehr, zählten z. B. O. Blumenthal, F. Bernstein. H. Weyl, R. Courant, E. Hecke und H. Steinhaus. Im Jahr 1900 formulierte Hilbert auf dem internationalen Mathematikerkongress in Paris seine berühmten 23 Hypothesen, die bis heute nachwirken. Sein Programm der mathematischen Logik, welches die Grundlagen der Mathematik auf ein formalistisches Fundament stellte, hat der Beweisführung bis heute ihre Form und Gültigkeit gegeben und beeinflusste K. Gödel dazu zu zeigen, dass ein vollständiges und widerspruchsfreies Gebäude der Mathematik nicht möglich ist.

Am 20.11.1915 reichte D. Hilbert seine Arbeit zur Mathematik der allgemeinen Relativitätstheorie ein, die auch den Theorieanteil von A. Einstein umfasste, der sie fünf Tage später veröffentlichte. Die kurze Verstimmung von A. Einstein hierzu wurde von Hilbert entkräftet, der A. Einstein alleinig den Verdienst für den Beitrag zur Physik beimaß.

Viele mathematische Begriffe tragen heute Hilberts Namen, von *Hilbert*raum bis *Hilbert*würfel. Ein Mondkrater und ein Asteroid sind ebenfalls nach ihm benannt.

In diesem Kapitel zu Eigenwerten und Eigenvektoren werden wir zuerst anhand eines einfachen Beispiels die notwendigen Begriffe einführen, welche wir anschließend verallgemeinern.
Wir beginnen in den Dimensionen $n = 2, 3$ und erläutern die Begriffe „Eigenwert, Eigenvektor und charakteristisches Polynom", die sich als zentral erweisen. Diese führen uns dann zurück auf die Behandlung von Matrizen und den Zusammenhang mit den Basen eines $\mathbb{K}$-Vektorraums. Für unsere Zwecke werden wir als $\mathbb{K}$-Vektorraum den $\mathbb{K}^n$ wählen. [2]
Die Struktur der Eigenwerte und Eigenvektoren, so wird sich zeigen, führt zu dem Begriff der „Ähnlichkeit" von Matrizen, wobei sich schließlich die Diagonalisierung bzw. die Trigonalisierung als nützliche Konzepte zur Bearbeitung von allgemeinen Matrizen ergeben. Die symmetrischen bzw. hermiteschen Matrizen spielen in den Anwendungen vor allem in der Mechanik eine wichtige Rolle, worauf wir dann entsprechend eingehen werden.

Das Grundkonzept, welches sich hinter dem Begriff des Eigenvektors $\vec{x}$ versteckt, lässt sich aus der Anschauung herleiten:

Hat man eine lineare Abbildung $T \in \mathrm{Hom}(V, V)$ (Endomorphismus) auf einem $\mathbb{K}$-Vektorraum V gegeben, so sucht man nach Vektoren $\vec{x} \in V$, welche ungleich dem Nullvektor $\vec{x} \neq \vec{0}$ sind **und** unter der linearen Abbildung T nur gestreckt werden, d. h. sie behalten ihre Richtung (bzw. Gegenrichtung) bei. Dieses Grundkonzept ergibt sofort diejenige Gleichung, welche einen solchen Vektor $\vec{x}$ definiert:

$$\text{Es gibt ein } \lambda \in \mathbb{K}: \; T(\vec{x}) = \lambda \cdot \vec{x}. \tag{3.1}$$

Da für die lineare Abbildung T eine darstellende Matrix $\mathcal{A} \in M(n \times n, \mathbb{K})$ existiert (vgl. [SM02]), lässt sich das Konzept des Eigenvektors auf $\mathcal{A}$ übertragen:

$$\mathcal{A} \cdot \vec{x} = \lambda \cdot \vec{x} \tag{3.2}$$

für ein geeignetes $\lambda \in \mathbb{K}$.

Die zwei Gleichungen (3.1) und (3.2) bilden die Grundlage für die Berechnung der jeweiligen Konstanten λ und der zu ihr gehörigen Vektoren $\vec{x}$ bezüglich der linearen Abbildung T (bzw. $\mathcal{A}$). Wir beginnen schrittweise mit den einfachsten Fällen.

[2] Wie im Kapitel zuvor ist $\mathbb{K} \in \{\mathbb{R}, \mathbb{C}\}$ und wird verwendet, solange nicht im Rahmen einer Unterscheidung $\mathbb{K}$ vorab festgelegt wird.

3.1.1 Der Weg zu Eigenwerten und Eigenvektoren

Wir leiten in diesem Abschnitt die grundlegende Idee von Eigenvektoren bzw. dem damit verbundenen Eigenwert zuerst anhand von bekannten linearen Abbildungen im $\mathbb{R}^2$ her.

Als Ausgangspunkt wählen wir Gleichung (3.2)

$$A \cdot \vec{x} = \lambda \cdot \vec{x} \Leftrightarrow A \cdot \vec{x} - \lambda \cdot \vec{x} = \vec{0}$$

und notieren Sie allgemein für

$$A = (a_{ij})_{2,2} \in M(2 \times 2, \mathbb{R}),\ \vec{x} \in \mathbb{R}^2 \text{ und } \lambda \in \mathbb{R}$$

woraus folgt

$$\begin{pmatrix} a_{11} & a_{12} \\ a_{21} & a_{22} \end{pmatrix} \cdot \begin{pmatrix} x_1 \\ x_2 \end{pmatrix} - \begin{pmatrix} \lambda x_1 \\ \lambda x_2 \end{pmatrix} = \begin{pmatrix} 0 \\ 0 \end{pmatrix} \tag{3.3}$$

Komponentenweise ergibt sich aus (3.3) das homogene $(2,2)$-LGS

$$\begin{aligned} (a_{11} - \lambda)x_1 + a_{12}x_2 &= 0 \\ a_{21}x_1 + (a_{22} - \lambda)x_2 &= 0 \end{aligned}$$

Man müsste folglich bei bekanntem λ das LGS (3.4) lösen, um den Vektor $\vec{x}$ zu bestimmen, was aber nichts darüber aussagt, welchen Wert λ besitzen müsste.
Eine erste Lösung für Gleichung (3.2) ergibt sich prinzipiell immer unabhängig von λ natürlich für den Nullvektor $\vec{x} = \vec{0}$. Man ist aber an den nicht trivialen Lösungen von (3.2) interessiert und so schließt man generell den Fall $\vec{x} = \vec{0}$ aus.

Unter diesen Voraussetzungen kann man nun die folgende (allgemeine) Definition formulieren

Definition 3.1.1. *(Eigenvektor, Eigenwert)*
Sei $\mathcal{A} \in M(n \times n, \mathbb{K})$. Man nennt einen Vektor $\vec{x} \in \mathbb{K}^n, \vec{x} \neq \vec{0}$, einen **Eigenvektor von $\mathcal{A}$**, *falls es ein $\lambda \in \mathbb{K}$ gibt, sodass die* **Eigenwertgleichung**

$$\mathcal{A} \cdot \vec{x} = \lambda \cdot \vec{x} \tag{3.4}$$

erfüllt ist. Man bezeichnet λ als **Eigenwert von $\mathcal{A}$**.

Bei der Formulierung eines Verfahrens zum Bestimmen von $\vec{x}$ und λ stellt man schnell fest, dass es unmöglich ist, aus (3.4) einen Vektor $\vec{x}$ zu bestimmen, solange λ noch unbekannt ist. Man beginnt deshalb immer zuerst mit der Bestimmung der möglichen Eigenwerte λ einer gegebenen Matrix $\mathcal{A} \in M(n \times n, \mathbb{R})$.
Um die Eigenwerte von $\mathcal{A}$ zu bestimmen, betrachtet man die Gleichung (3.4) in der folgenden Form

$$\mathcal{A} \cdot \vec{x} = \lambda \cdot \vec{x} \Rightarrow \mathcal{A} \cdot \vec{x} - \lambda \cdot \vec{x} = \vec{0} \Rightarrow \quad (\mathcal{A} - \lambda \cdot \mathcal{E}_n) \cdot \vec{x} = \vec{0} \tag{3.5}$$

Besitzt also $\mathcal{A}$ einen Eigenvektor $\vec{x}$ zu einem Eigenwert λ, so ist dieser eine Nicht-Null-Lösung der Gleichung des homogenen LGS aus (3.5).

$$(\mathcal{A} - \lambda \cdot \mathcal{E}_n) \cdot \vec{x} = \vec{0}$$

Nach Satz 2.2.5 muss dann

$$\det(\mathcal{A} - \lambda \cdot \mathcal{E}_n) = 0 \tag{3.6}$$

gelten, damit nichttriviale Lösungen von (3.5) existieren können.
Da der Eigenwert λ in (3.6) vorerst nicht bekannt ist, betrachtet man λ in (3.6) als Variable und die linke Seite von (3.6) bildet ein Polynom

$$p_{\mathcal{A}}(\lambda) = \det(\mathcal{A} - \lambda \cdot \mathcal{E}_n) \tag{3.7}$$

n-ten Grades in λ und (3.6) die zugehörige Polynomgleichung. Polynom und Polynomgleichung werden in diesem Zusammenhang wie folgt bezeichnet:

Definitionen 3.1.2.
Seien $\mathcal{A} \in M(n \times n, \mathbb{K})$ und $\lambda \in \mathbb{K}$ gegeben. Dann werden

$$p_{\mathcal{A}}(\lambda) = \det(\mathcal{A} - \lambda \cdot \mathcal{E}_n)$$

das **charakteristische Polynom** *von A und*

$$\det(\mathcal{A} - \lambda \cdot \mathcal{E}_n) = 0$$

die zugehörige **charakteristische Gleichung** *genannt.*

Bemerkung 3.1.1.
Ein $\lambda \in \mathbb{K}$ ist demnach genau dann ein Eigenwert von A, wenn λ eine Nullstelle des charakteristischen Polynoms von A ist.

Letzteres ist vor allem deshalb brillant, da man so die Suche nach Eigenwerten einer Matrix auf die Suche nach Nullstellen des charakteristischen Polynoms zurückführen kann.

Bevor wir uns der eigentlichen Methode zur Bestimmung von Eigenwerten und Eigenvektoren zuwenden, müssen wir noch klären, wie wir mögliche Eigenvektoren angeben wollen, denn es gibt zu einem Eigenwert unendlich viele Eigenvektoren, wegen

Satz 3.1.1.
Sei $\vec{x} \in \mathbb{K}^n$ ein Eigenvektor der Matrix $\mathcal{A} \in M(n \times n, \mathbb{K})$ zum Eigenwert $\lambda \in \mathbb{K}$. Dann ist auch $\alpha \cdot \vec{x}$, $\alpha \in \mathbb{K}$, $\alpha \neq 0$, ein Eigenvektor von $\mathcal{A}$ zu λ.

Beweis. Satz 3.1.1 folgt direkt aus der Eigenwertgleichung (3.4):

$$\mathcal{A} \cdot (\alpha \cdot \vec{x}\,) = \alpha \cdot \mathcal{A} \cdot \vec{x} = \alpha \cdot \lambda \cdot \vec{x} = \lambda \cdot (\alpha \cdot \vec{x}\,)$$

□

Bemerkung 3.1.2. *(Normierung eines Eigenvektors)*
Aus der Menge aller Eigenvektoren zu einem gegebenen Eigenwert (wir werden diese Menge später noch genauer definieren) wählen wir als Vertreter immer einen auf 1 *normierten Eigenvektor $\vec{\mathfrak{n}}_x$ mit $|\vec{\mathfrak{n}}_x| = 1$.*

Methode zur Bestimmung von Eigenwerten und Eigenvektoren

Das Vorgehen zur schrittweisen Bestimmung der Eigenwerte und Eigenvektoren einer gegebenen Matrix $\mathcal{A} \in M(n \times n, \mathbb{K})$ kann wie folgt beschrieben werden:

1. Man stellt zuerst die Matrix $(\mathcal{A} - \lambda \cdot \mathcal{E}_n)$ mit beliebigem $\lambda \in \mathbb{K}$ formal auf.

2. Danach berechnet man das charakteristische Polynom, $p_{\mathcal{A}}(\lambda) = \det(\mathcal{A} - \lambda \cdot \mathcal{E}_n)$ in Abhängigkeit von λ.

3. Nun ermittelt man die Nullstellen von $p(\lambda)$, die Eigenwerte von $\mathcal{A}$. Dabei sollte man beachten, dass es nicht notwendig n reelle Eigenwerte, $\lambda \in \mathbb{R}$, geben muss. Es können auch nicht-reelle Eigenwerte, $\lambda \in \mathbb{C}$, existieren.

4. Anschließend löst man zu jedem gefundenen Eigenwert λ, den man in 3. bestimmt hat, die Gleichung (3.5) und berechnet alle zugehörigen Nicht-Null-Lösungen $\vec{x}$, die Eigenvektoren von A zum jeweiligen λ.

5. Im letzten Schritt normiert man die gefundenen Eigenvektoren nach Vereinbarung und gibt die zugehörigen $\vec{\mathfrak{n}}_x$ an.

Die folgenden Beispiele demonstrieren die Methode zum Bestimmen von Eigenwerten und Eigenvektoren und zeigen bereits mögliche Schwierigkeiten und Sonderfälle, die auftreten können.

Beispiele 3.1.1.

1. *Wir suchen im ersten* **Beipsiel** *die Eigenwerte und Eigenvektoren zur Matrix* $\mathcal{A} \in M(2 \times 2, \mathbb{R})$

$$\mathcal{A} = \begin{pmatrix} 2 & 1 \\ 4 & -1 \end{pmatrix}$$

und beginnen mit dem Aufstellen der charakteristischen Gleichung

$$\det(\mathcal{A} - \lambda \cdot \mathcal{E}_2) = \begin{vmatrix} 2-\lambda & 1 \\ 4 & -1-\lambda \end{vmatrix} = \lambda^2 - \lambda - 6 = 0$$

Für die Nullstellen des charakteristischen Polynoms folgt

$$0 = \lambda^2 - \lambda - 6 = (\lambda - 3) \cdot (\lambda + 2) \Rightarrow \lambda_1 = 3,\ \lambda_2 = -2$$

Bestimmt man im nächsten Schritt die Eigenvektoren zum Eigenwert $\lambda_1 = 3$*, so löst man die Gleichung* $(\mathcal{A} - 3 \cdot \mathcal{E}_2) \cdot \vec{x} = \vec{0}$*, mit* $\vec{x} = (x_1, x_2)^T$*:*

$$(\mathcal{A} - 3 \cdot \mathcal{E}_2) \cdot \vec{x} = \vec{0} \Rightarrow \left(\begin{array}{cc|c} -1 & 1 & 0 \\ 4 & -4 & 0 \end{array}\right) \overset{II+4\cdot I}{\longrightarrow} \left(\begin{array}{cc|c} -1 & 1 & 0 \\ 0 & 0 & 0 \end{array}\right)$$

Aus der ersten Zeile der Staffelform der Systemmatrix folgt

$$-x_1 + x_2 = 0 \Leftrightarrow x_1 = x_2 \tag{3.8}$$

und damit können die zugehörigen Eigenvektoren zum Eigenwert $\lambda_1 = 3$ *angegeben werden:*

$$\vec{x} = \begin{pmatrix} x_1 \\ x_2 \end{pmatrix} \overset{(3.8)}{=} \begin{pmatrix} x_1 \\ x_1 \end{pmatrix} = x_1 \cdot \begin{pmatrix} 1 \\ 1 \end{pmatrix} \Rightarrow \vec{v}_{\lambda_1} = \begin{pmatrix} 1 \\ 1 \end{pmatrix}$$

Bestimmt man jetzt die Eigenvektoren zum Eigenwert $\lambda_2 = -2$*, so löst man die Gleichung* $(\mathcal{A} + 2 \cdot \mathcal{E}_2) \cdot \vec{x} = \vec{0}$*, mit* $\vec{x} = (x_1, x_2)^T$*:*

$$(\mathcal{A} + 2 \cdot \mathcal{E}_2) \cdot \vec{x} = \vec{0} \Rightarrow \left(\begin{array}{cc|c} 4 & 1 & 0 \\ 4 & 1 & 0 \end{array}\right) \overset{II+(-1)\cdot I}{\longrightarrow} \left(\begin{array}{cc|c} 4 & 1 & 0 \\ 0 & 0 & 0 \end{array}\right)$$

Aus der ersten Zeile der Staffelform der Systemmatrix folgt

$$4x_1 + x_2 = 0 \Leftrightarrow -4x_1 = x_2 \tag{3.9}$$

und damit können auch die Eigenvektoren zum Eigenwerte $\lambda_2 = -2$ angegeben werden:

$$\vec{x} = \begin{pmatrix} x_1 \\ x_2 \end{pmatrix} \stackrel{(3.9)}{=} \begin{pmatrix} x_1 \\ -4x_1 \end{pmatrix} = x_1 \cdot \begin{pmatrix} 1 \\ -4 \end{pmatrix} \Rightarrow \vec{v}_{\lambda_2} = \begin{pmatrix} 1 \\ -4 \end{pmatrix}$$

Abschließend notiert man die normierten Eigenvektoren zu den Eigenwerten

$$\lambda_1 = 3 \quad \Rightarrow \quad \vec{\mathfrak{n}}_1 = \frac{\sqrt{2}}{2} \cdot \begin{pmatrix} 1 \\ 1 \end{pmatrix}$$
$$\lambda_2 = -2 \quad \Rightarrow \quad \vec{\mathfrak{n}}_2 = \frac{\sqrt{17}}{17} \cdot \begin{pmatrix} 1 \\ -4 \end{pmatrix}$$

2. *Dieses zweite* **Beispiel** *verdeutlicht, dass nicht jede Matrix reelle Eigenwerte besitzen muss.*
   Sei $\mathcal{A}(\varphi) \in M(2 \times 2, \mathbb{R})$, mit $\varphi \in]0, \pi[$ und

$$\mathcal{A}(\varphi) = \begin{pmatrix} \cos(\varphi) & -\sin(\varphi) \\ \sin(\varphi) & \cos(\varphi) \end{pmatrix}$$

   Dann gilt für $0 < \varphi < \pi$

$$\begin{aligned} p_{\mathcal{A}}(\lambda) &= \det(\mathcal{A}(\varphi) - \lambda\mathcal{E}) = \begin{vmatrix} \cos(\varphi) - \lambda & -\sin(\varphi) \\ \sin(\varphi) & \cos(\varphi) - \lambda \end{vmatrix} \\ &= \cos^2(\varphi) - 2\lambda\cos(\varphi) + \lambda^2 + \sin^2(\varphi) \\ &= 1 - 2\lambda\cos(\varphi) + \lambda^2 > (1-\lambda)^2 \geq 0. \end{aligned}$$

   Wegen $p_{\mathcal{A}}(\lambda) \neq 0$ besitzt $\mathcal{A}(\varphi)$, mit $\varphi \in]0, \pi[$, keinen reellen Eigenwert.

3. *In diesem dritten* **Beispiel** *werden die Eigenvektoren zu den zu bestimmenden Eigenwerten eine besondere Eigenschaft aufweisen. Wir beginnen wieder mit der Bestimmung der Eigenwerte und Eigenvektoren zu einer Matrix $\mathcal{B} \in M(2 \times 2, \mathbb{R})$*

$$\mathcal{B} = \begin{pmatrix} 0.6 & -0.8 \\ -0.8 & -0.6 \end{pmatrix}$$

Wir stellen die charakteristische Gleichung auf

$$p_{\mathcal{B}}(\lambda) = \det(\mathcal{B} - \lambda \cdot \mathcal{E}_2) = \begin{vmatrix} 0.6-\lambda & -0.8 \\ -0.8 & -0.6-\lambda \end{vmatrix} = \lambda^2 - 1 = 0$$

Die Eigenwerte sind folglich $\lambda_1 = 1$ *und* $\lambda_2 = -1$
Wir bestimmen die Eigenvektoren und vereinfachen die Notation, indem wir in der Systemmatrix zu (3.5) die rechte Seite weglassen, da der Nullvektor sich unter elementaren Umformungen nicht ändert.

$$\lambda_1 = 1 \Rightarrow \begin{pmatrix} -0.4 & -0.8 \\ -0.8 & -1.6 \end{pmatrix} \overset{II+(-1)\cdot I}{\longrightarrow} \begin{pmatrix} -0.4 & -0.8 \\ 0 & 0 \end{pmatrix}$$

$$\Rightarrow x_1 = -2x_2 \Rightarrow \vec{v}_1 = \begin{pmatrix} -2 \\ 1 \end{pmatrix}$$

$$\lambda_2 = -1 \Rightarrow \begin{pmatrix} 1.6 & -0.8 \\ -0.8 & 0.4 \end{pmatrix} \overset{I+2\cdot II}{\longrightarrow} \begin{pmatrix} 0 & 0 \\ -0.8 & 0.4 \end{pmatrix}$$

$$\Rightarrow x_2 = 2x_1 \Rightarrow \vec{v}_2 = \begin{pmatrix} 1 \\ 2 \end{pmatrix}$$

Der Eigenwert $\lambda_1 = 1$ *bedeutet, dass die Länge und die Richtung des Eigenvektors* $\vec{v}_1$ *in (3.4) nicht verändert wird.*
Der Eigenwert $\lambda_2 = -1$ *bedeutet, dass die Länge des Eigenvektors* $\vec{v}_2$ *in (3.4) nicht verändert wird, wohl aber seine Richtung umgekehrt wird.*
Betrachten wir das Skalarprodukt der Eigenvektoren, so ergibt sich

$$\langle\, \vec{v}_1, \vec{v}_2 \,\rangle = 0$$

was bedeutet, dass die beiden Eigenvektoren zueinander orthogonal sind. Beide Eigenvektoren stehen im $\mathbb{R}^2$ *senkrecht aufeinander und die lineare Abbildung, welche durch eine Multiplikation mit B gegeben ist, bildet eine Achsenspiegelung mit Spiegelachse in Richtung* $\vec{v}_1$.

Das nächste Beispiel ist eine Vorarbeit, um die Systematik beim Aufstellend eines charakteristischen Polynoms darzustellen. Zu diesem Zweck führen wir vorher noch den wichtigen Begriff der *Spur* einer Matrix ein:

Definition 3.1.3. *(Spur)*
Die Spur einer $(n \times n)$-Matrix $\mathcal{A} = (\alpha_{ij})_{n,n}$ ist definiert gemäß

$$\text{spur}(\mathcal{A}) = \sum_{i=1}^{n} \alpha_{ii} = a_{11} + \ldots + a_{nn}$$

als die der Summe der Diagonalelemente von $\mathcal{A}$.

Beispiel 3.1.2.
Wir berechnen nun die Eigenwerte für die folgende Matrix $\mathcal{A} \in M(3 \times 3, \mathbb{R})$

$$\mathcal{A} = \begin{pmatrix} 1 & 2 & 3 \\ 4 & 3 & -2 \\ 0 & 0 & 5 \end{pmatrix}$$

Dann ergibt sich als charakteristisches Polynom.

$$\begin{aligned} p_{\mathcal{A}}(\lambda) &= |\mathcal{A} - \lambda \cdot \mathcal{E}_n| = \begin{vmatrix} 1-\lambda & 2 & 3 \\ 4 & 3-\lambda & -2 \\ 0 & 0 & 5-\lambda \end{vmatrix} \\ &= (1-\lambda)(3-\lambda)(5-\lambda) - (5-\lambda)8 \\ &= (-1)^3\lambda^3 + (-1)^2(5+1+3) - (5+3+15-8)\lambda \\ &\quad +[(1 \cdot 3 \cdot 5) - (5 \cdot 8)] \\ &= -\lambda^3 + (\text{spur}(\mathcal{A})\,)\lambda^2 - \lambda + \det(\mathcal{A}) \\ &= -\lambda^3 + 9\lambda^2 - 15\lambda - 25 \end{aligned}$$

Man beachte, wie in der Berechnung des charakteristischen Polynoms automatisch die Spur der Matrix $\mathcal{A}$ auftritt.
In unserem Fall zerfällt das charakteristische Polynom nun in die folgenden Linearfaktoren, aus welchen sich die Nullstellen von $p_{\mathcal{A}}(\lambda)$ bestimmen lassen:

$$p_{\mathcal{A}}(\lambda) = -\lambda^3 + 9\lambda^2 - 15\lambda - 25 = -(\lambda+1)(\lambda-5)^2$$

Also haben wir als Eigenwert

$$p_{\mathcal{A}}(\lambda) = 0 \;\Rightarrow\; \lambda_1 = -1, \lambda_{2/3} = 5$$

Es liegen der Eigenwert $\lambda_1 = -1$ als einfache Nullstelle von $p_{\mathcal{A}}(\lambda)$ und der Eigenwert $\lambda_2 = 5$ als doppelte Nullstelle von $p_{\mathcal{A}}(\lambda)$ vor.

Berechnen wir zuerst die Eigenvektoren zu $\lambda_1 = -1$:

$$\mathcal{A} - (-1) \cdot \mathcal{E}_n = \begin{pmatrix} 2 & 2 & 3 \\ 4 & 4 & -2 \\ 0 & 0 & 6 \end{pmatrix} \xrightarrow{II-2I} \begin{pmatrix} 2 & 2 & 3 \\ 0 & 0 & -8 \\ 0 & 0 & 6 \end{pmatrix}$$

$$\xrightarrow{II/(-8),I-3II,III-6II} \begin{pmatrix} 1 & 1 & 0 \\ 0 & 0 & 1 \\ 0 & 0 & 0 \end{pmatrix}$$

Damit errechnet man für die Komponenten eines Eigenvektors: $x_2 = -x_1$, $x_3 = 0$
und für den Eigenvektor zu λ_1 folgt

$$\vec{v}_1 = \begin{pmatrix} x_1 \\ -x_1 \\ 0 \end{pmatrix} = x_1 \cdot \begin{pmatrix} 1 \\ -1 \\ 0 \end{pmatrix}$$

Für den doppelten Eigenwert $\lambda_{2/3} = 5$ errechnet sich:

$$\mathcal{A} - 5 \cdot \mathcal{E}_n = \begin{pmatrix} -4 & 2 & 3 \\ 4 & -2 & -2 \\ 0 & 0 & 0 \end{pmatrix} \xrightarrow{II+I} \begin{pmatrix} -4 & 2 & 3 \\ 0 & 0 & 1 \\ 0 & 0 & 0 \end{pmatrix}$$

$$\xrightarrow{I-3II} \begin{pmatrix} -2 & 1 & 0 \\ 0 & 0 & 1 \\ 0 & 0 & 0 \end{pmatrix}$$

Für Komponenten des Eigenvektors zu λ_2 folgt $x_2 = 2x_1$, $x_3 = 0$ und wir erhalten als Eigenvektor

$$\vec{v}_2 = \begin{pmatrix} x_1 \\ 2 \cdot x_1 \\ 0 \end{pmatrix} = x_1 \begin{pmatrix} 1 \\ 2 \\ 0 \end{pmatrix}$$

Es ergeben sich für die gegebene (3×3)-Matrix $\mathcal{A}$ nur zwei Eigenvektoren (bzw. das jeweilige x_1-fache von diesen, mit $x_1 \neq 0$), die wir hier noch in normierter Form angeben

$$\vec{\mathfrak{n}}_1 = \frac{\sqrt{2}}{2} \begin{pmatrix} 1 \\ -1 \\ 0 \end{pmatrix} \quad \text{und} \quad \vec{\mathfrak{n}}_2 = \frac{\sqrt{5}}{5} \begin{pmatrix} 1 \\ 2 \\ 0 \end{pmatrix}$$

Im Nachgang zu Beispiel 3.1.2 möchten wir noch anmerken:

Bemerkungen 3.1.3.

1. *Wie wir gesehen haben, muss die Anzahl der Eigenvektoren zu einem Eigenwert λ nicht gleich der Vielfachheit sein, welche λ als Nullstelle des charakteristischen Polynoms besitzt.*

2. *So wie im Beispiel die Spur der Matrix $\mathcal{A}$ auftauchte, lässt sich die Frage stellen, ob* $\operatorname{spur}(\mathcal{A})$ *immer in der Berechnung des charakteristischen Polynoms auftaucht, was übrigens im folgenden Satz geregelt ist.*

Satz 3.1.2.
Im Allgemeinen gilt für das charakteristische Polynom $p_{\mathcal{A}}(\lambda)$ einer Matrix $\mathcal{A} \in M(n \times n, \mathbb{R})$:

$$p_{\mathcal{A}}(\lambda) = |\mathcal{A} - \lambda \cdot \mathcal{E}_n| = (-1)^n \lambda^n + (-1)^{n-1} \operatorname{spur}(\mathcal{A}) \cdot \lambda^{n-1} + \ldots + \det(\mathcal{A})$$

3.1.2 Spektrum einer linearen Abbildung und Eigenraum

Auch in diesem Abschnitt werden wir das Konzept, welches wir aus der Anschauung gewonnen haben, auf den allgemeinen Fall weiter übertragen. Der Vollständigkeit halber werden wir dazu auch einige Anteile aus dem bisher Behandelten wiederholen.

Wir werden einen $\mathbb{K}$-Vektorraum V und eine lineare Abbildung T, mit $T \in \operatorname{Hom}(V, V)$, betrachten und beginnen mit den folgenden Definitionen.

Definitionen 3.1.4. *(Eigenwert, Eigenvektor, Spektrum)*
Seien V ein Vektorraum über $\mathbb{K}$ und $T : V \longrightarrow V$ eine lineare Abbildung.

1. *Dann nennt man $\lambda \in \mathbb{K}$ einen* **Eigenwert von** T, *wenn es einen Vektor $\vec{x} \in V$, $\vec{x} \neq \vec{0}$, gibt mit $T(\vec{x}) = \lambda\vec{x}$. Es wird $\vec{x}$ dann als* **Eigenvektor von** T *zum Eigenwert λ bezeichnet.*

2. *Die Menge aller Eigenwerte zur linearen Abbildung T*

$$\sigma(T) = \{\lambda \in \mathbb{K};\ \lambda \text{ ist Eigenwert von } T\}$$

nennt man **Spektrum von** T.

Bemerkung 3.1.4.
Es sei V ein n-dimensionaler $\mathbb{K}$*-Vektorraum. Ist* $\mathcal{A} \in M(n \times n, \mathbb{K})$ *eine darstellende Matrix einer linearen Abbildung* $T \in \operatorname{End}(V)$ *bezüglich einer Basis* $\{\vec{v}_1, \ldots, \vec{v}_n\}$ *von V, so sind* $\lambda \in \mathbb{K}$ *ein Eigenwert von* $\mathcal{A}$ *und* $\vec{x}$ *Eigenvektor zu* λ *von* $\mathcal{A}$*, genau dann wenn* $T(\vec{x}) = \lambda \cdot \vec{x}$*, mit* $\vec{x} = \sum_{i=1}^{n} x_i \vec{v}_i$.

Die grundsätzlichen Überlegungen zum charakteristischen Polynom und der charakteristischen Gleichung als Berechnungsgrundlage für Eigenwerte zu einer gegebenen Matrix können aus dem vorherigen Abschnitt übernommen werden und sind in folgendem Lemma zusammengefasst.

Lemma 3.1.1.
Es sei V ein endlich dimensionaler $\mathbb{K}$*-Vektorraum. Dann sind für eine Matrix* $\mathcal{A} \in M(n \times n, \mathbb{K})$ *folgende Aussagen äquivalent:*

1. $\lambda \in \mathbb{K}$ *ist ein Eigenwert von* $\mathcal{A}$.
2. $\det(\mathcal{A} - \lambda \cdot \mathcal{E}_n) = 0$.

Um die Eigenwerte λ zu einer gegebenen Matrix $\mathcal{A} \in M(n \times n, \mathbb{K})$ zu ermitteln, bestimmten wir auch in diesem Fall das charakteristische Polynom $p_{\mathcal{A}}(t)$ mit Koeffizienten in $\mathbb{K}$.
In den bisherigen Beispielen errechneten wir das charakteristische Polynom zwar nur für die Fälle $n = 2, 3$, müssen aber anerkennen, dass die Definition 3.1.2 bereits allgemein formuliert vorlag, sodass sich direkt eine Reihe von Bemerkungen anschließen.

Bemerkungen 3.1.5.

1. *Wir haben zwar in den Definitionen 3.1.4 den Begriff des „Eigenwerts" allgemein für lineare Abbildungen eingeführt* [3]*, allerdings können wir unsere Betrachtungen auf* $(n \times n)$*-Matrizen beschränken. Wir werden in diesem Buch meist nur spezielle lineare Abbildung (Endomorphismen),* $T \in \operatorname{End}(V) = \operatorname{Hom}(V, V)$*, auf* $V = \mathbb{K}^n$ *betrachten, welche eben als* $(n \times n)$*-Matrizen dargestellt werden können.*

2. *Die Nullstellen des charakteristischen Polynoms zu einer Matrix* $\mathcal{A} \in M(n \times n, \mathbb{K})$ *bilden genau die Eigenwerte von* $\mathcal{A}$.

[3] In der Tat spielt das Spektrum einer linearen Abbildung in den Anwendungen, z. B. der Theorie der partiellen Differenzialgleichungen, eine wichtige Rolle

3. *Das charakteristische Polynom einer Matrix $\mathcal{A} \in M(n \times n, \mathbb{K})$ ist immer vom Grad n. Schreibt man das charakteristische Polynom in der Form*

$$p_{\mathcal{A}}(\lambda) = \sum_{j=1}^{n} \alpha_j \lambda^j$$

kann man nach Satz 3.1.2 sofort folgende Koeffizienten ermitteln

$$\alpha_n = (-1)^n, \quad \alpha_{n-1} = (-1)^{n-1}\text{spur}(\mathcal{A}), \quad \alpha_0 = (-1)^n \det(\mathcal{A}) \tag{3.10}$$

4. *Im Fall $\mathbb{K} = \mathbb{R}$ ist das charakteristische Polynom ein Polynom mit reellen Koeffizienten, das in $\mathbb{R}$ nicht notwendig n Nullstellen besitzt. Allerdings zerfällt das charakteristische Polynom nach dem Fundamentalsatz der Algebra über $\mathbb{C}$ vollständig in Linearfaktoren, d. h. seien $\lambda_j \in \mathbb{C}$, $j = 1, \ldots, n$ die komplexen Eigenwerte einer Matrix $\mathcal{A} \in M(n \times n, \mathbb{R})$, so folgt für das charakteristische Polynom:*

$$p_{\mathcal{A}}(\lambda) = \det(\mathcal{A} - \lambda \cdot \mathcal{E}_n) = (\lambda_1 - \lambda) \cdot (\lambda_2 - \lambda) \cdot \ldots \cdot (\lambda_n - \lambda) \tag{3.11}$$

5. *Aus der Darstellung (3.11) folgt mit (3.10):*

$$\text{spur}(\mathcal{A}) = \sum_{j=1}^{n} \lambda_j \quad \text{und} \quad \det(\mathcal{A}) = \prod_{j=1}^{n} \lambda_j \tag{3.12}$$

Wie wir in Satz 3.1.1 bereits gesehen hatten, existieren zu einem Eigenwert einer Matrix immer unendlich viele Eigenvektoren, da jedes Vielfache eines bekannten Eigenvektors (mit Ausnahme des Nullvektors) wieder ein Eigenvektor zum selben Eigenwert ist. Das Entscheidende an einem Eigenvektor ist folglich nur seine Richtung.

Wählt man zu einem festen Eigenwert λ einer Matrix $\mathcal{A} \in M(n \times n, \mathbb{K})$, so kann man alle Eigenvektoren, in einer Menge zusammenfassen. Man erhält:

$$\mathcal{L}(\lambda) = \{\vec{x}; \mathcal{A}\vec{x} = \lambda\vec{x}, \vec{x} \neq \vec{0}\}$$

Da $\lambda = 0$ möglich ist, fügen wir noch den Nullvektor hinzu und definieren $U_\lambda = \mathcal{L}(\lambda) \cup \{\vec{0}\}$.

Was passiert eigentlich mit Elementen aus U_λ unter der linearen Abbildung $\mathcal{A}$?

Dazu sei $\vec{y} \in U_\lambda$ ein beliebiger Vektor. Ist $\vec{y} = \vec{0}$, so folgt $\mathcal{A} \cdot \vec{y} = \vec{0} \in U_\lambda$. Für $\vec{y} \neq \vec{0}$ ist $\vec{y} \in L(\lambda)$ ein Eigenvektor. Dann folgt für $\lambda \neq 0$: $\vec{x} = \lambda \cdot \vec{y}$ ist wieder ein Eigenvektor und somit

$$\mathcal{A} \cdot \vec{y} = \lambda \cdot \vec{y} = L_\lambda \subset U_\lambda$$

Bei $\lambda = 0$ folgt sofort $\mathcal{A} \cdot \vec{y} = \lambda \cdot \vec{y} = \vec{0} \in U_\lambda$.
Damit liegt das Bild von $\vec{y} \in U_\lambda$ wieder in U_λ und so wird die Menge U_λ durch $\mathcal{A}$ wieder in sich abgebildet. Man sagt,

U_λ ist **invariant** unter der Abbildung $\mathcal{A}$.

Diese Überlegungen führen zu folgenden Definitionen.

Definitionen 3.1.5. *(Eigenraum zu T und $\mathcal{A}$)*

1. *Es sei $T : V \longrightarrow V$ ein Endomorphismus ($T \in \mathrm{End}(V)$) auf einem $\mathbb{K}$-Vektorraum V und $\lambda \in \mathbb{K}$ ein Eigenwert von T. Dann nennt man*

$$\mathrm{Eig}(T, \lambda) = \mathrm{span}\{\vec{x};\ T(\vec{x}) = \lambda \cdot \vec{x}\}$$

   den **Eigenraum zum Eigenwert** *λ von T.*

2. *Zu einem Eigenwert $\lambda \in \mathbb{K}$ einer Matrix $\mathcal{A} \in M(n \times n, \mathbb{K})$ wird*

$$\mathrm{Eig}(\mathcal{A}, \lambda) = \mathrm{span}\{\vec{x};\ \mathcal{A} \cdot \vec{x} = \lambda \cdot \vec{x}\}$$

   der **Eigenraum zum Eigenwert** *λ von $\mathcal{A}$ genannt.*

Die Eigenschaften eines Eigenraums sind in den folgenden Bemerkungen zusammengefasst:

Bemerkungen 3.1.6.
Es seien V ein $\mathbb{K}$-Vektorraum und $T \in \mathrm{End}(V)$. Dann gilt:

1. $\mathrm{Eig}(T, \lambda)$ *ist ein Unterraum von V.*

2. $\mathrm{Eig}(T, \lambda) \setminus \{\vec{0}\}$ *ist die Menge aller Eigenvektoren zum Eigenwert λ.*

3. $\mathrm{Eig}(T, \lambda) = \mathrm{Ker}\,(T - \lambda \cdot \mathrm{id}_V)$ [4]

4. *Die Aussagen 1. bis 3. gelten auch für Matrizen $A \in M(n \times n, \mathbb{K})$, wenn $\dim(V) = n$ und id_V ersetzt wird durch $\mathcal{E}_n$.*

[4] id_V ist die Identität auf V, mit $\mathrm{id}_V(\vec{x}) = \vec{x}\ \forall \vec{x} \in V$

Aus der Kenntnis aller Eigenvektoren zu den Eigenwerten einer Matrix und der Formulierung der Eigenräume folgen weitere Zusammenhänge:

Proposition 3.1.1.
Sei $T \in \mathrm{End}(V)$, *mit* $V = \mathbb{K}^n$, *gegeben durch* $\mathcal{A} \in M(n \times n, \mathbb{K})$.

1. *Sind* $\lambda_1, \ldots, \lambda_m$ *paarweise verschiedene Eigenwerte* ($m \leq n$) *von* T *gegeben mit* m *entsprechend zugehörigen Eigenvektoren* $\vec{x}_1, \ldots, \vec{x}_m$. *Dann sind die Eigenvektoren* $\vec{x}_1, \ldots, \vec{x}_m$ *linear unabhängig.*

2. *Die Eigenräume* $\mathrm{Eig}(T, \lambda_1), \ldots, \mathrm{Eig}(T, \lambda_m)$ *zu paarweise verschiedenen reellen Eigenwerten von* T *sind orthogonal zueinander,*

$$\mathrm{Eig}(T, \lambda_i) \cap \mathrm{Eig}(T, \lambda_j) = \{\vec{0}\}, \ \lambda_i \neq \lambda_j \tag{3.13}$$

3. *Sind* $\lambda_1, \ldots, \lambda_n$ *paarweise verschiedene reelle Eigenwerte von* T, *so gilt*

$$\mathbb{K}^n = \bigoplus_{i=1}^{n} \mathrm{Eig}(T, \lambda_i). \tag{3.14}$$

(Die Direkte Summe aller Eigenräume ist gleich dem zugrundeliegenden $\mathbb{K}$*-Vektorraum* $V = \mathbb{K}^n$*.)*

Beispiel 3.1.3. *(Scherung)*
In der digitalen Bildbearbeitung findet sich als eine Bildmanipulation die Scherung, welche einer Punkteverschiebung in der Ebene gleichkommt. So beschreibt beispielsweise eine Matrix $\mathcal{A}_S \in M(2 \times 2, \mathbb{R})$ *der Form*

$$\mathcal{A}_S(a) = \begin{pmatrix} 1 & a \\ 0 & 1 \end{pmatrix}, \ a \in \mathbb{R}^*$$

eine achsenparallele Scherung, indem man einen Vektor $\vec{x} = (x_1, x_2)^T$ *von links mit* $\mathcal{A}_S(a)$ *multipliziert.*
Im Speziellen betrachten wir jetzt $a = 2$ *und* $\vec{x} = (1, 3)^T$

$$\Rightarrow \mathcal{A}_S(2) \cdot \vec{x} = \begin{pmatrix} 1 & 2 \\ 0 & 1 \end{pmatrix} \cdot \begin{pmatrix} 1 \\ 3 \end{pmatrix} = \begin{pmatrix} 7 \\ 3 \end{pmatrix} = \vec{y}$$

Der Vektor $\vec{y}$ *verweist damit auf einen Punkt in der Ebene, welcher gegenüber dem Punkt* $(1, 3)$ *um* 6 *Einheiten parallel zur* x_1*-Achse verschoben wurde.*
Um die Eigenräume zu den Eigenwerten von $\mathcal{A}_S(2)$ *zu ermitteln, berechnen wir die Nullstellen des charakteristischen Polynoms*

$$\det\left(\mathcal{A}_S(2) - \lambda \cdot \mathcal{E}_2\right) = (1 - \lambda)^2 = 0$$

und erhalten den doppelten Eigenwert $\lambda = 1$, *welcher auf den folgenden Eigenvektor führt*

$$\mathcal{A}_S(2) - 1 \cdot \mathcal{E}_2 = \begin{pmatrix} 0 & 2 \\ 0 & 0 \end{pmatrix} \Rightarrow x_2 = 0$$

$$\Rightarrow \vec{v}_{(\lambda=1)} = \begin{pmatrix} x_1 \\ x_2 \end{pmatrix} = x_1 \cdot \begin{pmatrix} 1 \\ 0 \end{pmatrix} = x_1 \cdot \vec{\mathfrak{n}}_{(\lambda=1)}$$

Der normierte Eigenvektor $\vec{\mathfrak{n}}_{(\lambda=1)}$ *legt damit die Richtung fest, hier parallel zur* x_1 *Achse, welche von der Scherung* $\mathcal{A}_S$ *nicht verändert wird, wie man auch in folgendem Beispiel sieht:*

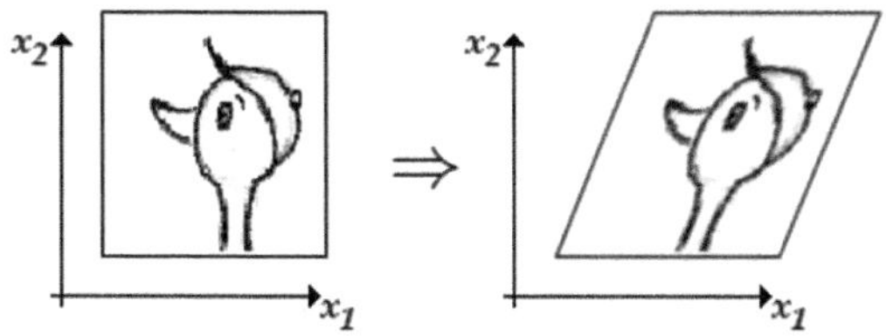

Abbildung 3.1: Scherung im Koordinatensystem

Der zugehörige Eigenraum zum Eigenwert $\lambda = 1$ *von* $\mathcal{A}_S(2)$ *ist damit gegeben durch:* $\mathrm{Eig}(\lambda = 1) = \{\vec{x} \in \mathbb{R}^2; \vec{x} = (x_1, 0)^T \wedge x_1 \in \mathbb{R}\}$

Aus der Berechnung der Eigenwerte zu einer quadratischen Matrix $\mathcal{A}$, folgte die Bestimmung von Eigenvektoren und der zugehörigen Eigenräume.

All dies basierte auf der Bestimmung des charakteristischen Polynoms zu einer gegebenen quadratischen Matrix $\mathcal{A}$.
Das charakteristische Polynom einer solchen Matrix $\mathcal{A}$ besitzt aber noch weitere Anwendungen. So lässt sich das charakteristische Polynom von $\mathcal{A}$ zum Beispiel auch zur Berechnung der zu $\mathcal{A}$ inversen Matrix $\mathcal{A}^{-1}$ verwenden. Grundlage hierfür bildet der Satz von Cayley-Hamilton:

Satz 3.1.3. *(Cayley-Hamilton)*
Für jede Matrix $\mathcal{A} \in M(n \times n, \mathbb{K})$ *mit charakteristischem Polynom* $p_{\mathcal{A}}(\lambda)$ *gilt*

$$p_{\mathcal{A}}(\mathcal{A}) = \mathcal{O}$$

(Hier steht $\mathcal{O} \in M(n \times n, \mathbb{K})$ *für die zugehörige quadratische Nullmatrix.)*

Bemerkungen 3.1.7.

- *Im Satz von Cayley-Hamilton ist im charakteristischen Polynom von $\mathcal{A}$ formal für den skalaren Wert λ die Matrix $\mathcal{A}$ selber eingesetzt worden, wobei man berücksichtigen muss, dass beim konstanten Summanden von $p_{\mathcal{A}}(\mathcal{A})$ noch die Einheitsmatrix $\mathcal{E}_n$ ergänzt werden muss (siehe unten).*
- *Der Satz von Cayley-Hamilton sagt damit aus, dass jede quadratische Matrix Nullstelle ihres charakteristischen Polynoms ist.*
- *Der Beweis des Satzes von Cayley-Hamilton ist interessanterweise äußerst einfach, da ja $p_{\mathcal{A}}(\mathcal{A}) = \det(\mathcal{A} - \mathcal{A} \cdot \mathcal{E}_n) = 0$ gilt.*

Um mit Hilfe des charakteristischen Polynoms die Inverse von $\mathcal{A}$ zu bestimmen, beginnen wir beim charakteristischen Polynom von $\mathcal{A}$

$$p_{\mathcal{A}}(\lambda) = (-1)^n \cdot \lambda^n + a_{n-1} \cdot \lambda^{n-1} + \ldots + a_1 \cdot \lambda^1 + a_0 \cdot 1$$

Nach dem Einsetzen von $\mathcal{A}$ folgt, wobei der Faktor $\lambda^0 = 1$ beim konstanten Summanden a_0 durch $\mathcal{E}_n$ ersetzt wird:

$$p_{\mathcal{A}}(\mathcal{A}) = (-1)^n \mathcal{A}^n + a_{n-1}\mathcal{A}^{n-1} + \ldots + a_1\mathcal{A} + a_0\mathcal{E}_n \tag{3.15}$$

Ist die Matrix $\mathcal{A}$ invertierbar, gilt nach Satz 3.1.2:

$$a_0 = \det(\mathcal{A}) \neq 0$$

und durch das Auflösen von (3.16) nach $\mathcal{E}_n$ folgt

$$-a_0^{-1}((-1)^n \mathcal{A}^{n-1} + a_{n-1}\mathcal{A}^{n-2} + \ldots + a_1)\mathcal{A} = \mathcal{E}_n \tag{3.16}$$

Multipliziert man (3.16) von rechts mit $\mathcal{A}^{-1}$, so lässt sich das Ergebnis in folgendem Satz zusammenfassen

Satz 3.1.4.
Seien $\mathcal{A} \in \mathrm{GL}(n)$ und das charakteristische Polynom zu $\mathcal{A}$ gegeben durch

$$p_{\mathcal{A}}(\lambda) = (-1)^n \lambda^n + a_{n-1}\lambda^{n-1} + \ldots + a_1\lambda + a_0\mathcal{E}_n$$

und $a_i \in \mathbb{K}$, $i = 0, \ldots, n-1$.
Dann gilt für die Inverse von $\mathcal{A}$

$$\mathcal{A}^{-1} = -a_0^{-1}((-1)^n \mathcal{A}^{n-1} + a_{n-1}\mathcal{A}^{n-2} + \ldots + a_1)$$

Beispiel 3.1.4. *(Matrixinverse mit dem charakteristischen Polynom)* *Möchte man mit Hilfe des charakteristischen Polynoms die Inverse zu folgender Matrx bestimmen*

$$\mathcal{A} = \begin{pmatrix} 1 & 2 \\ -1 & 1 \end{pmatrix}$$

ermittelt man zuerst für das charakteristische Polynom zu $\mathcal{A}$ *in* $\mathbb{R}$

$$p_{\mathcal{A}}(\lambda) = \det(\mathcal{A} - \lambda \cdot \mathcal{E}_2) = \lambda^2 - 2\lambda + 3 = 0$$

Im nächsten Schritt ersetzt man $\lambda \to \mathcal{A}$, $a_0 = 3 \to 3 \cdot \mathcal{E}_2$ *und* $0 \to \mathcal{O}$ [5]

$$p_{\mathcal{A}}(\mathcal{A}) = \mathcal{A}^2 - 2 \cdot \mathcal{A} + 3 \cdot \mathcal{E}_2 = \mathcal{O}$$

Löst man nach $\mathcal{E}_2$ *auf und multipliziert, wie in der Vorbereitung zu Satz 3.1.4, mit* $\mathcal{A}^{-1}$, *folgt*

$$\mathcal{A}^{-1} = \frac{1}{3} \cdot (-\mathcal{A} + 2 \cdot \mathcal{E}_2) = \frac{1}{3} \begin{pmatrix} 1 & -2 \\ 1 & 1 \end{pmatrix}$$

Kennt man die Eigenwerte einer Matrix $\mathcal{A} \in M(n \times n, \mathbb{K})$, so kann man auch Aussagen über die Auswirkungen einiger algebraischen Transformationen von $\mathcal{A}$ (wie z. B. dem Vervielfachen von $\mathcal{A}$) auf die Eigenwerte von $\mathcal{A}$ machen. Wir fassen diese Transformationen im anschließenden Satz zusammen.

Satz 3.1.5.
Seien $\mathcal{A}, \mathcal{B} \in M(n \times n, \mathbb{K})$ *und besitze die Matrix* $\mathcal{A}$ *die Eigenwerte* $\lambda_1, \ldots, \lambda_n \in \mathbb{K}$. *Dann gilt*

1. *Die Eigenwerte von* $\mathcal{A} + \mu \cdot \mathcal{E}_n$, $\mu \in \mathbb{K}$, *sind* $\lambda_1 + \mu, \ldots, \lambda_n + \mu$.
2. *Die Eigenwerte von* $\alpha \cdot \mathcal{A}$, $\alpha \in \mathbb{K}$, *sind* $\alpha\lambda_1, \alpha\lambda_2, \ldots, \alpha\lambda_n$.
3. *Die Eigenwerte von* $\mathcal{A}^k$ *sind* $\lambda_1^k, \ldots, \lambda_n^k$.
4. $\mathcal{A}$ *ist genau dann invertierbar wenn* $\lambda_i \neq 0$, $i = 1, \ldots, n$. *In diesem Fall sind* $\frac{1}{\lambda_1}, \ldots, \frac{1}{\lambda_n}$ *die Eigenwerte von* $\mathcal{A}^{-1}$.
5. *Für die Eigenwerte von* $\mathcal{A} \cdot \mathcal{B}$ *und* $\mathcal{A} + \mathcal{B}$ *gibt es keine allgemeinen Regeln.*

[5] $\mathcal{O}$ bezeichnet die (2×2)-Nullmatrix.

Mit den bisher behandelten Anwendungen der Eigenwerte einer Matrix haben wir die Grundlagen für den sich anschließenden Abschnitt gelegt, in dem wir den wichtigen Begriff eines linearen Unterraums eines Endomorphismus einführen und einen Ausblick hin zu einem bis heute ungelösten Problem der Mathematik geben möchten.

3.1.3 Invariante Unterräume

Eine besondere Eigenschaft von linearen Abbildungen besteht in der Existenz von sogenannten invarianten Unterräumen bezüglich einer gegebenen linearen Abbildung.

Definition 3.1.6.
Gegeben sei ein Endomorphismus $T : V \longrightarrow V$ *auf einem* $\mathbb{K}$*-Vektorraum* V*. Man nennt einen linearen Unterraum* $W \subset V$ *mit* $\dim(W) \geq 1$ *einen* **invarianten Unterraum** *bezüglich* T *(oder* T**-invarianten Unterraum***), falls gilt:*

$$T(W) \subset W$$

Für reelle Vektorräume erhalten wir folgendes Ergebnis als Folgerung aus dem Satz von Cayley-Hamilton.

Proposition 3.1.2.
Gegeben sei ein Endomorphismus $T : V \longrightarrow V$ *auf einem reellen endlich dimensionalen* $\mathbb{K}$*-Vektorraum* V*. Dann gibt es einen* T*-invarianten Unterraum* $W \subset V$ *mit* $\dim(W) \leq 2$.

Die Proposition 3.1.2 soll im Folgenden bewiesen werden, da der Beweis eindrucksvoll zeigt, wie verschiedene mathematische Teilgebiete zusammenwirken können. Wer sich einem solchen Beweis noch nicht stellen möchte, kann auch gerne direkt bei Bemerkung 3.1.8 weiterlesen.

Beweis.
Aus Band 2 ([SM02]) wissen wir, dass zu einer Basis

$$\mathcal{B} = \{\vec{v}_1, \ldots, \vec{v}_n\}$$

des betrachteten n-dimensionalen $\mathbb{R}$-Vektorraums V genau eine Matrix $\mathcal{A} \in M(n \times n, \mathbb{R})$ existiert, welche den Endomorphismus $T \in \mathrm{End}(V)$ darstellt

$$T(\vec{x}) = \mathcal{A} \cdot \vec{x} \;\; \forall \, \vec{x} \in V$$

Wir müssen also einen Unterraum $W \subset V$ mit $1 \leq \dim(W) \leq 2$ finden, sodass $\mathcal{A} \cdot \vec{w} \in W$ für alle $\vec{w} \in W$ gilt. Zu diesem Zweck bilden wir das reelle charakteristische Polynom $p_{\mathcal{A}}(\lambda)$ zu $\mathcal{A}$.
Nach dem Fundamentalsatz der Algebra (siehe z. B. [AHK], [H1] u.a.), kann man $p_{\mathcal{A}}(\lambda)$ über $\mathbb{C}$ vollständig faktorisieren

$$p_{\mathcal{A}}(\lambda) = (-1)^n \cdot (\lambda - \lambda_1) \cdot \ldots \cdot (\lambda - \lambda_n)$$

Für Die Nullstellen von $p_{\mathcal{A}}(\lambda)$ gilt dann (siehe [SM01]): Entweder ist $\lambda_i \in \mathbb{R}$ oder, wenn $\lambda_i \in \mathbb{C} \setminus \mathbb{R}$, so gibt es ein λ_j mit $\lambda_j = \overline{\lambda_i}$. Im letzteren Fall fassen wir die zwei auftretenden Faktoren zusammen und definieren

$$p_i(\lambda) := (\lambda - \lambda_i) \cdot (\lambda - \overline{\lambda_i})$$

Dann besitzt $p_i(\lambda)$ erneut wieder nur reelle Koeffizienten[6].
Definiert man ebenso für den Fall $\lambda_j \in \mathbb{R}$: $p_j(\lambda) = (\lambda - \lambda_j)$, so kann man allgemein schreiben

$$p_{\mathcal{A}}(\lambda) = (-1)^n \cdot p_k(\lambda) \cdot \ldots \cdot p_1(\lambda),$$

wobei die p_i alle reelle Koeffizienten besitzen und entweder vom Grad 1 sind (wenn $p_i(\lambda) = (\lambda - \lambda_i)$, $\lambda_i \in \mathbb{R}$) oder vom Grad 2 (wenn $p_i(\lambda) = (\lambda - \lambda_i) \cdot (\lambda - \overline{\lambda_i})$).

Gibt es nun ein $i = 1, \ldots, k$ mit $\operatorname{grad}(p_i) = 1$, so ist das zugehörige λ_i ein reeller Eigenwert mit Eigenvektor $\vec{w}_i$. Dann ist $W = \operatorname{span}(\vec{w}_i)$ automatisch der gewünschte T-invariante Unterraum, wegen

$$T(\vec{w}_i) = \lambda_i \cdot \vec{w}_i \in \operatorname{span}(\vec{w}_i) = W$$

Gehen wir jetzt von dem möglichen Fall aus, dass für alle $k = 1, \ldots, n$ der Grad der p_i genau 2 sei. Nach dem Satz von Cayley-Hamilton ist $p_{\mathcal{A}}(\mathcal{A}) = \mathcal{O}$. Damit finden wir (mindestens) ein $\vec{v} \in V, \vec{v} \neq \vec{0}$ mit (in der Tat gilt dies für alle $\vec{v} \in V$)

$$p_{\mathcal{A}}(\mathcal{A}) \cdot \vec{v} = \vec{0}$$

und damit ein $i = 1, \ldots, k$ mit $p_i(\mathcal{A}) \cdot \vec{v} = \vec{0}$, denn ist $\vec{v} \in V, \vec{v} \neq \vec{0}$ mit $p_{\mathcal{A}}(\mathcal{A}) \cdot \vec{v} = \vec{0}$ und gilt $p_1(\mathcal{A}) \cdot \vec{v} = \vec{0}$, so wäre $i = 1$. Andernfalls gibt es ein kleinstes $i \in \{2, \ldots, k\}$ mit

$$(p_i(\mathcal{A}) \cdot p_{i-1}(\mathcal{A}) \cdot \ldots \cdot p_1(\mathcal{A})) \cdot \vec{v} = \vec{0}, \text{ und}$$

[6] $p_i(\lambda)$ stellt ein reelles Polynom ohne reelle Nullstellen dar.

$$(p_{i-1}(\mathcal{A}) \cdot \ldots \cdot p_1(\mathcal{A})) \cdot \vec{v} \neq \vec{0}$$

Dann verwendet man das p_i zur Erzeugung des invarianten Unterraums. Es gilt nämlich für unser $\vec{v}$ mit $p_{\mathcal{A}}(\mathcal{A}) \cdot \vec{v} = \vec{0}$

$$\vec{w} = (p_{i-1}(\mathcal{A}) \cdot \ldots \cdot p_1(\mathcal{A})) \cdot \vec{v}$$

und damit $p_i(\mathcal{A}) \cdot \vec{w} = \vec{0}$.
Weiter sei $p_i(\lambda) = \lambda^2 + a\lambda + b$ mit $a, b \in \mathbb{R}$. Dann folgt nach dem Ersetzen $\lambda \to \mathcal{A}$ und $\lambda^0 \to \mathcal{E}_n$ für $p_i(\mathcal{A}) \cdot \vec{w}$

$$\begin{aligned} p_i(\mathcal{A}) \cdot \vec{w} &= \mathcal{A} \cdot \mathcal{A} \cdot \vec{w} + a\mathcal{A} \cdot \vec{w} + b \cdot \vec{w} = \vec{0} \\ \Leftrightarrow \quad \mathcal{A} \cdot (\mathcal{A} \cdot \vec{w}\,) &= -a\mathcal{A} \cdot \vec{w} - b \cdot \vec{w}. \end{aligned} \tag{3.17}$$

Somit ist mit (3.17) der gesuchte T-invariante Unterraum W als Menge aller Linearkombinationen aus $\mathcal{A} \cdot \vec{w}$ und $\vec{w}$ gegeben

$$W = \operatorname{span}(w, \mathcal{A} \cdot \vec{w}\,)$$

(einfach mal nachrechnen)

□

Bemerkung 3.1.8.
Wir haben den Begriff des invarianten Unterraums eingeführt, weil er uns später noch gute Dienste erweisen wird. Allerdings ist im allgemeinen Kontext, das Auffinden eines invarianten Unterraums ein schon seit langem bekanntes und anteilig auch ein bis heute ungelöstes Problem, auf das wir hier kurz eingehen möchten.

Für endlich dimensionale reelle Vektorräume haben wir ja geklärt, wie man T-invariante Unterräume finden kann. Wie sieht es aber mit unendlich dimensionalen Vektorräumen (dem bislang nicht explizit behandelten Fall) aus?

Dazu betrachtet man reelle normierte Räume X (Vektorräume mit einer auf ihnen definierten Norm(Betrag)), die **vollständig** *sind, d. h. in denen jede Cauchy-Folge konvergiert (zur Cauchy-Folgen siehe [SM01]). Diese Räume werden Banachräume genannt.*

In den Vierzigerjahren des letzten Jahrhunderts stellten Beurling und v. Neumann die Frage, ob jede beschränkte lineare Abbildung $T : X \longrightarrow X$ (d. h. $\|T(x)\| \leq c$ für alle $x \in X$, $\|x\| \leq 1$) einen T-invarianten Unterraum W besitzt.

Im Jahr 1972 konstruierte der schwedische Mathematiker Per Enflo einen (unendlich dimensionalen) Banachraum und eine beschränkte lineare Abbildung $T : X \longrightarrow X$, der keinen T-invarianten Unterraum besitzt.

Es bleibt bis heute ein offenes Problem, wie die Antwort für einen euklidischen Banachraum, einen sogenannten Hilbertraum, lautet. Die Klärung dieser Frage ist insbesondere für die Quantenphysik von Relevanz.

3.1.4 Kurzaufgaben zum Verständnis

1. Quadratische $(n \times n)$-Matrizen besitzen die gleichen Eigenwerte.

   □ wahr □ falsch

2. Gilt für eine Matrix $\mathcal{A} \in M(n \times n, \mathbb{R})$ die Gleichung $\mathcal{A}^2 = \mathcal{E}_n$, so besitzt $\mathcal{A}$ die Eigenwerte

   □ nur 1 □ nur ± 1 □ nur die komplexen $\pm i$

3. Sind λ_1 und λ_2 zwei verschiedene Eigenwerte einer Matrix $\mathcal{A}$, mit $\mathcal{A} \in M(n \times n, \mathbb{R})$, so stehen die zugehörigen Eigenräume immer aufeinander senkrecht.

   □ wahr □ falsch

4. Eine reelle (5×5)-Matrix besitzt immer einen reellen Eigenwert.

   □ wahr □ falsch

5. Ist λ_1 ein Eigenwert einer Matrix $\mathcal{A} \in M(n \times n, \mathbb{K})$ und λ_2 ein Eigenwert einer Matrix $\mathcal{B} \in M(n \times n, \mathbb{K})$, so gilt immer $\lambda_1 + \lambda_2$ ist ein Eigenwert von $\mathcal{A} + \mathcal{B}$.

   □ wahr □ falsch

6. Ist $\det(\mathcal{A}) = 0$, so ist $\lambda = 0$ ein Eigenwert von $\mathcal{A}$.

   □ wahr □ falsch

7. Ist λ_1 ein Eigenwert einer Matrix $\mathcal{A} \in M(n \times n, \mathbb{K})$ und λ_2 ein Eigenwert einer Matrix $\mathcal{B} \in M(n \times n, \mathbb{K})$, so gilt immer $\lambda_1 \cdot \lambda_2$ ist ein Eigenwert von $\mathcal{A} \cdot \mathcal{B}$.

   □ wahr □ falsch

8. Für jede reelle $(n \times n)$-Matrix $\mathcal{A}$ ist die Summe der reellen Eigenwerte gleich der $\mathrm{spur}(\mathcal{A})$.

   □ wahr □ falsch

3.1.5 Übungen

Lösungsvideos zu den Übungen können auf www.lsgn24h.de über die Eingabe des Lösungscodes abgerufen werden.

Kl A:

1. Geben Sie jeweils die Eigenwerte und Eigenvektoren der folgenden Matrizen an.

   (a)
   $$\mathcal{A} = \begin{pmatrix} 3 & -1 \\ 1 & -1 \end{pmatrix}$$
   (Lösungscode: SB03EW0A001)

   (b)
   $$\mathcal{B} = \begin{pmatrix} 0 & 1 \\ 1 & 0 \end{pmatrix}$$
   (Lösungscode: SB03EW0A002)

   (c)
   $$\mathcal{C} = \begin{pmatrix} 1 & 0 & 1 \\ 0 & 1 & 0 \\ -1 & 0 & 1 \end{pmatrix}$$
   (Lösungscode: SB03EW0A003)

   (d)
   $$\mathcal{D} = \begin{pmatrix} 0 & 0 & 0 \\ 0 & 1 & 0 \\ 1 & 0 & 1 \end{pmatrix}$$
   (Lösungscode: SB03EW0A004)

2. Zeigen Sie, dass $U_\lambda = \{\vec{x};\, \mathcal{A} \cdot \vec{x} = \lambda \cdot \vec{x}, \vec{x} \neq \vec{0}\} \cup \{\vec{0}\}$ für einen Eigenwert $\lambda \in \mathbb{K}$ einer Matrix $\mathcal{A} \in M(n \times n, \mathbb{K})$ cin Unterraum ist ($\mathbb{K} = \mathbb{R}, \mathbb{C}$).

   (Lösungscode: SB03EW0A005)

3. Bestimmen Sie zu den gegebenen Matrizen jeweils deren inverse Matrix mit Hilfe des charakteristischen Polynoms

   (a)
   $$\mathcal{F} = \begin{pmatrix} 3 & 2 \\ -2 & 1 \end{pmatrix}$$
   (Lösungscode: SB03EW0A006)

   (b)
   $$\mathcal{G} = \begin{pmatrix} 4 & 1 & 0 \\ 2 & 1 & 2 \\ 1 & 1 & 1 \end{pmatrix}$$
   (Lösungscode: SB03EW0A007)

Kl B:

1. Für die Matrix
   $$\mathcal{I} = \begin{pmatrix} 1 & 1 & 2 \\ 2 & 1 & -2 \\ 1 & 0 & 2 \end{pmatrix}$$
   ist $\lambda_1 = 2$ ein Eigenwert.

   (a) Ermitteln Sie, ohne das Aufstellen des charakteristischen Polynoms, die Eigenwerte λ_2, λ_3.

   (Lösungscode: SB03EW0B001)

   (b) Ermitteln Sie die zu $\lambda_1, \lambda_2, \lambda_3$ gehörenden Eigenvektoren.

   (Lösungscode: SB03EW0B002)

2. Man bestimme die Eigenräume der folgenden Matrizen

   (a)
   $$\mathcal{A} = \begin{pmatrix} 3 & -1 \\ 1 & 1 \end{pmatrix}$$
   (Lösungscode: SB03EW0B003)

   (b)
   $$\mathcal{J} = \begin{pmatrix} 1 & 2 & 2 \\ 2 & -2 & 1 \\ 2 & 1 & -1 \end{pmatrix}$$
   (Lösungscode: SB03EW0B004)

3. Geben Sie die Eigenwerte und Eigenvektoren der folgenden Matrix an

$$\mathcal{H} = \begin{pmatrix} a & b \\ c & d \end{pmatrix} \in M(2 \times 2, \mathbb{K})$$

(Lösungscode: SB03EW0B005)

und zeigen Sie, dass folgende Gleichung korrekt ist

$$\mathcal{H}^2 - (a+d) \cdot \mathcal{H} + (ad - bc) \cdot \mathcal{E}_2 = \mathcal{N}$$

(Lösungscode: SB03EW0B006)

4. Eine schiefsymmetrische Matrix $\mathcal{A} = (a_{ij})_{n,n} \in M(n \times n, \mathbb{K})$ ist definiert durch $\mathcal{A} = -\mathcal{A}^T$.

   Zeigen Sie, dass im Fall $n = 3$ das charakteristische Polynom $p_{\mathcal{A}}$ die folgende Form annimmt

$$p_{\mathcal{A}}(\lambda) = (-\lambda)^3 - (a_{12}^2 + a_{13}^2 + a_{23}^2) \cdot \lambda$$

(Lösungscode: SB03EW0B007)

Kl C:

1. Gegeben sei eine *nilpotente* komplexe Matrix $\mathcal{A} \in M(n \times n, \mathbb{C})$, d. h. es gibt ein $p \in \mathbb{N}$ mit

$$\mathcal{A}^p = 0 \text{ und } \mathcal{A}^{p-1} \neq 0$$

   Es gilt dann

   (a) Die Matrix $\mathcal{A}$ ist nicht invertierbar.

   (Lösungscode: SB03EW0C001)

   (b) Das charakteristische Polynom besitzt eine Nullstelle in $\mathbb{C}$ der Vielfachheit p.

   (Lösungscode: SB03EW0C002)

   (c) $p \leq n$.

   (Lösungscode: SB03EW0C003)

2. Es sei

$$\mathcal{K} = \begin{pmatrix} 0 & 1 & -2 \\ -1 & 0 & 2 \\ 2 & -2 & 0 \end{pmatrix}$$

   (a) Bestimmen Sie alle Eigenwerte in $\mathbb{C}$. Verwenden Sie dazu, dass $\mathcal{K}$ schiefsymmetrisch ist.

   (Lösungscode: SB03EW0C004)

   (b) Bestimmen Sie alle Eigenvektoren von $\mathcal{K}$ und stellen Sie diese jeweils in der Form $\vec{x} = \vec{a} + i\vec{b}$ mit geeigneten $\vec{a}, \vec{b} \in \mathbb{R}^3$ dar.

   (Lösungscode: SB03EW0C005)

3. Sei $\mathcal{A} = (a_{ij})_{3,3} \in M(3 \times 3, \mathbb{K})$. Zeigen Sie, dass dann das charakteristische Polynom von $\mathcal{A}$ die folgende Form hat:

$$p_{\mathcal{A}}(\lambda) = (-\lambda)^3 + \operatorname{spur}(\mathcal{A}) \cdot \lambda^2 - b_1 \cdot \lambda + \det(\mathcal{A}),$$

   mit

$$b_1 = \begin{vmatrix} a_{11} & a_{12} \\ a_{21} & a_{22} \end{vmatrix} + \begin{vmatrix} a_{11} & a_{13} \\ a_{31} & a_{33} \end{vmatrix} + \begin{vmatrix} a_{22} & a_{23} \\ a_{32} & a_{33} \end{vmatrix}.$$

   (Lösungscode: SB03EW0C006)

4. Sei $\mathcal{A} \in M(n \times n, \mathbb{K})$ schiefsymmetrisch. Folgern Sie, dass gilt:

   Für $n = 3$ besitzt die Matrix $\mathcal{A}$ nur einen reellen Eigenwert. Gilt das auch für allgemeines n?

   (Lösungscode: SB03EW0C007)

5. Es sei $\mathcal{B} \in M(2 \times 2, \mathbb{C})$, mit der Eigenschaft $\mathcal{B}^2 = \mathcal{O}$.

   Zeigen Sie, dass dann entweder $\mathcal{B} = \mathcal{O}$ gilt, oder dass $\mathcal{B}$ zu folgender Matrix ähnlich sein muss:

$$\begin{pmatrix} 0 & 1 \\ 0 & 0 \end{pmatrix}$$

   (Lösungscode: SB03EW0C008)

Kl D:

1. Man nennt eine $(n \times n)$-Matrix $\mathcal{A}$ $(n \geq 2)$ der Form

$$\mathcal{A} = \begin{pmatrix} 0 & 1 & 0 & \dots & \dots & 0 \\ \vdots & \ddots & \ddots & \ddots & & \vdots \\ \vdots & & \ddots & \ddots & \ddots & \vdots \\ 0 & \dots & \dots & 0 & 1 & 0 \\ 0 & \dots & \dots & \dots & 0 & 1 \\ -a_0 & -a_1 & \dots & \dots & \dots & -a_{n-1} \end{pmatrix}$$

   eine *Frobenius-Matrix*. Zeigen Sie mittels vollständiger Induktion, dass

$$p_{\mathcal{A}}(\lambda) = (-\lambda)^n + a_{n-1}(-\lambda)^{n-1} + \ldots - a_1\lambda + a_0$$

   Welchen Wert besitzt $\det(\mathcal{A})$?

   (Lösungscode: SB03EW0D001)

2. Es seien $\mathcal{A}, \mathcal{B} \in M(n \times n, \mathbb{K})$. Weisen Sie nach, dass dann $\mathcal{A} \cdot \mathcal{B}$ und $\mathcal{B} \cdot \mathcal{A}$ das gleiche charakteristische Polynom besitzen.

   (Hinweis: Betrachten Sie zuerst den Fall, dass $\mathcal{B}^2 = \mathcal{B}$)

   (Lösungscode: SB03EW0D002)

3. Es seien $\mathcal{A}, \mathcal{B} \in M(n \times n, \mathbb{K})$ mit $\mathcal{A} \cdot \mathcal{B} = \mathcal{B} \cdot \mathcal{A}$. Weiter sei $\vec{v}$ ein Eigenvektor zum Eigenwert λ von $\mathcal{A}$ mit $\dim(\mathrm{Eig}(\mathcal{A}, \lambda)) = 1$.

   Zeigen Sie, dass $\vec{v}$ dann auch Eigenvektor von $\mathcal{B}$ ist.

   (Lösungscode: SB03EW0D003)

3.2 Ähnlichkeit von Matrizen und Basistransformationen

Eine quadratische Matrix $A \in M(n \times n, \mathbb{K})$ lässt sich problemlos k-mal mit sich selber multiplizieren. Wenn man diese k-te Potenz von A berechnen will, kann das aber durchaus mühsam werden. Insbesondere bei großer Zeilenzahl n wird das Berechnen von A^k schnell umfangreich. Könnte man vor dem Berechnen der k-ten Potenz die Matrix A in eine Form bringen, welche das Berechnen der Potenz vereinfacht, würde sich der Berechnungsaufwand sicherlich verringern. Eine optimale Form von A läge mit Sicherheit vor, wenn A bereits eine Diagonalmatrix wäre, denn dann würde sich die k-te Potenz wie folgt ergeben:

$$\mathcal{A}^k = \begin{pmatrix} a_{11} & 0 & \cdots & 0 \\ 0 & a_{22} & \cdots & 0 \\ \vdots & \vdots & \ddots & \vdots \\ 0 & 0 & \cdots & a_{nn} \end{pmatrix}^k = \begin{pmatrix} a_{11}^k & 0 & \cdots & 0 \\ 0 & a_{22}^k & \cdots & 0 \\ \vdots & \vdots & \ddots & \vdots \\ 0 & 0 & \cdots & a_{nn}^k \end{pmatrix}$$

Da die Matrix A nicht notwendiger Weise diagonal sein muss, suchen wir nach einer Form von A, welche dieser „ähnlich" ist und die Potenzbildung vereinfacht. Eine weitere Motivation, eine solche „Ähnlichkeit" einzuführen, ergibt sich aus der Verwendung von verschiedenen Basen bei der Betrachtung von linearen Abbildungen $T \in \mathrm{End}(V)$ auf einem $\mathbb{K}$-Vektorraum V.

In der Anwendung, z. B. bei virtuellen Realitäten, müssen oft die Auswirkungen von Abbildungen (Drehungen, Translationen etc.) aus verschiedenen Blickwinkeln dargestellt werden, welche durch Basen im erzeugten virtuellen Raum gegeben sind.
Die virtuelle Realität (sei es in Simulationen, CAD oder auch MMO) ist dabei natürlich nur ein Beispiel für die Anwendung. In der Technik ergibt sich beispielsweise das Problem der Bestimmung von Trägheitsmomenten eines Körpers bezüglich möglicher Drehungen im Raum, welche auf die Bestimmung von drei Trägheitsmomenten zurückgeführt werden können, die dann als Diagonalelemente einer (3×3)-Matrix, dem Trägheitstensor, formuliert werden.

Da wir uns auf die Darstellung von linearen Abbildungen mittels Matrizen beziehen, gehen wir von einem endlich dimensionalen $\mathbb{K}$-Vektorraum aus.

Wir verwenden im Folgenden den $\mathbb{K}^n$ als den zugrunde liegenden endlich dimensionalen $\mathbb{K}$-Vektorraum.

3.2.1 Diagonalisierung und Basistransformation

Definieren wir zuerst, was man unter der Ähnlichkeit von zwei Matrizen $\mathcal{A}$ und $\mathcal{B}$ versteht.

Definition 3.2.1. *(Ähnlichkeit)*
Seien $\mathcal{A}, \mathcal{B} \in M(n \times n, \mathbb{K})$. Man sagt, dass $\mathcal{A}$ und $\mathcal{B}$ **ähnlich** *sind, wenn es eine Matrix $\mathcal{C} \in \mathrm{GL}(n)$ gibt, sodass*

$$\mathcal{B} = \mathcal{C}^{-1} \cdot \mathcal{A} \cdot \mathcal{C}$$

Besondere Aufmerksamkeit wendet man dem Fall zu, dass die Ähnliche Matrix $\mathcal{B}$ eine Diagonalmatrix $\mathcal{D} = \mathcal{B}$ ist und formuliert für diesen Fall den Begriff der Diagonalisierbarkeit.

Definition 3.2.2. *(Diagonalisierbarkeit)*
Man sagt eine Matrix $\mathcal{A} \in M(n \times n, \mathbb{K})$ ist **diagonalisierbar**, *wenn es eine Diagonalmatrix $\mathcal{D} \in M(n \times n, \mathbb{K})$ und eine reguläre Matrix $\mathcal{C} \in \mathrm{GL}(n)$ gibt, sodass gilt*

$$\mathcal{D} = \mathcal{C}^{-1} \cdot \mathcal{A} \cdot \mathcal{C},$$

$\mathcal{A}$ ist folglich zu einer Diagonalmatrix $\mathcal{D}$ ähnlich.

Aus Definition 3.2.2 folgt der Zusammenhang zwischen der Diagonalmatrix und den Eigenwerten der Matrix $\mathcal{A}$, welcher als Teil der Übungen bewiesen werden soll.

Proposition 3.2.1.
Ist eine $(n \times n)$-Matrix $\mathcal{A}$ zu einer Diagonalmatrix

$$\mathcal{D} = \begin{pmatrix} \lambda_1 & 0 & \dots & 0 \\ 0 & \lambda_2 & \ddots & \vdots \\ \vdots & \ddots & \ddots & 0 \\ 0 & \dots & 0 & \lambda_n \end{pmatrix}$$

ähnlich, so sind die Diagonalelemente $\lambda_1, \dots, \lambda_n$ die Eigenwerte von $\mathcal{A}$.

Die Fragen, welche nach dieser Vorarbeit beantwortet werden müssen, lauten, wie und wann man eine gegebene Matrix $\mathcal{A} \in M(n \times n, \mathbb{K})$ überhaupt diagonalisieren kann.

Die Beantwortung der Frage nach dem „wie“ kommt im Wesentlichen der Aufgabe gleich, eine Matrix $\mathcal{C} \in \mathrm{GL}(n)$ zu finden, mit $\mathcal{D} = \mathcal{C}^{-1} \cdot \mathcal{A} \cdot \mathcal{C}$. Dieser wenden wir uns im Anschluss an die Frage nach dem „wann“ zu.

Um zu ermitteln, unter welchen Bedingungen („wann“) eine Matrix $\mathcal{A} \in M(n \times n, \mathbb{K})$ diagonalisierbar sein wird, betrachten wir noch einmal das charakteristische Polynom von $\mathcal{A}$.

Ist $\lambda_0 \in \mathbb{K}$ ein Eigenwert zu einer $(n \times n)$-Matrix $\mathcal{A}$ und damit r-fache Nullstelle[7] des charakteristischen Polynoms von $\mathcal{A}$, so kann man das charakteristische Polynom von $\mathcal{A}$ wie folgt notieren

$$p_{\mathcal{A}}(\lambda) = (\lambda_0 - \lambda)^r \cdot Q_{\mathcal{A}}(\lambda)$$

wobei $Q_{\mathcal{A}}$ ein Polynom $(n-r)$-ten Grades ist mit $Q_{\mathcal{A}}(\lambda_0) \neq 0$. Dann lassen sich die folgenden Begriffe festlegen

Definition 3.2.3. *(algebraische und geometrische Vielfachheit)*
Ist λ_0 ein Eigenwert einer Matrix $\mathcal{A} \in M(n \times n, \mathbb{K})$, so nennen wir

1. $r = a(\mathcal{A}, \lambda_0)$ *die* **algebraische Vielfachheit** *von λ_0, wenn*

$$p_{\mathcal{A}}(\lambda) = (\lambda_0 - \lambda)^r \cdot Q_{\mathcal{A}}(\lambda)\,,\ Q_{\mathcal{A}}(\lambda_0) \neq 0$$

2. *und bezeichnen mit $g(\mathcal{A}, \lambda_0)$ die Dimension des Eigenraums* $\mathrm{Eig}(\mathcal{A}, \lambda_0)$ *als die* **geometrische Vielfachheit** *von λ_0.*

Den allgemeinen Zusammenhang zwischen der algebraischen und der geometrischen Vielfachheit zu einem Eigenwert λ_0 einer Matrix $\mathcal{A} \in M(n \times n, \mathbb{K})$ formuliert das folgende Lemma

Lemma 3.2.1.
Ist λ_0 ein Eigenwert einer $(n \times n)$-Matrix $\mathcal{A}$, so gilt

$$a(\mathcal{A}, \lambda_0) \geq g(\mathcal{A}, \lambda_0)$$

Um allgemein diesen Zusammenhang zwischen $a(\mathcal{A}, \lambda)$ und $g(\mathcal{A}, \lambda)$ zu verdeutlichen, betrachten wir das folgende einfache Beispiel:

[7] $r \in \{1, \ldots, n\}$

Beispiel 3.2.1.
Bestimmt werden sollen die Eigenwerte und Eigenvektoren der (2×2)*-Matrix:*

$$\mathcal{A} = \begin{pmatrix} 0 & 1 \\ 0 & 0 \end{pmatrix}$$

Das charakteristische Polynom von $\mathcal{A}$ *ist gegeben durch*

$$p_{\mathcal{A}}(\lambda) = \lambda^2 = (\lambda - 0)(\lambda - 0)$$

Für den einzigen Eigenwert $\lambda = 0$ *ist die algebraische Vielfachheit* $a(\mathcal{A}, 0) = 2$*. Wie man sofort einsieht, ist nun* $\vec{x}^{(0)} = (1, 0)^T$ *der einzige Eigenvektor zum Eigenwert* $\lambda = 0$*.*
Damit ist die Dimension des Eigenraums $\mathrm{Eig}(\mathcal{A}, 0) = 1$ *und somit folgt*

$$a(\mathcal{A}, \lambda) > g(\mathcal{A}, 0)$$

Mit dieser Ungleichheit zwischen der algebraischen und der geometrischen Vielfachheit folgt aber auch nach Proposition 3.2.1, dass die Matrix $\mathcal{A}$ *in diesem Fall nicht diagonalisierbar ist, denn sonst wäre die Diagonalmatrix* $\mathcal{D}$ *die Nullmatrix und damit müsste schon* $\mathcal{A}$ *selber die Nullmatrix gewesen sein, was ein offensichtlicher Widerspruch wäre.*

Wann eine Matrix diagonalisierbar ist, wird damit durch den folgenden zentralen Satz beantwortet.

Satz 3.2.1.
Für eine $(n \times n)$*-Matrix* $\mathcal{A}$ *sind folgende Bedingungen äquivalent:*

1. $\mathcal{A}$ *ist diagonalisierbar.*
2. *Das charakteristische Polynom zerfällt in Linearfaktoren und für alle Eigenwerte* λ *gilt*

$$a(\mathcal{A}, \lambda) = g(\mathcal{A}, \lambda)$$

3. *Sind* $\lambda_1, \ldots, \lambda_m$ *genau die Eigenwerte von* $\mathcal{A}$*, so gilt*

$$V = \mathrm{Eig}(\mathcal{A}, \lambda_1) \oplus \ldots \oplus \mathrm{Eig}(\mathcal{A}, \lambda_m)$$

Der vollständige Beweis des Satzes 3.2.1 wäre für dieses Werk nicht zielführend, kann aber z. B. in [Brie2] oder [Fi1] nachgelesen werden.

Um zu beantworten, wie die Diagonalisierung einer Matrix $\mathcal{A}$ methodisch umgesetzt werden kann, werden wir uns jetzt der Transformationsmatrix $\mathcal{C}$ zuwenden.
Nach Definition 3.2.1, der Ähnlichkeit von Matrizen, ist $\mathcal{C}$ invertierbar, d. h. $\mathcal{C} \in \mathrm{GL}(n)$. Damit besitzt $\mathcal{C}$ (siehe [SM02]) vollen Rang und dies wiederum impliziert, dass die Spaltenvektoren von $\mathcal{C}$ alle linear unabhängig sind, weshalb die Spaltenvektoren eine Basis des $\mathbb{K}^n$ bilden.
Wir fassen das Ergebnis dieser Argumentationskette in folgendem Satz zusammen.

Satz 3.2.2.
Die Vektoren $\vec{x}_1, \ldots, \vec{x}_n \in \mathbb{K}^n$ sind genau dann linear unabhängig, wenn sie eine Basis des $\mathbb{K}^n$ bilden und dies ist dazu gleichwertig, dass die Matrix

$$\mathcal{C} = \left(\vec{x}^1 \; \ldots \; \vec{x}^n\right)$$

regulär ist.[8]

Nach dieser Vorarbeit kann man nun definieren was eine *Basistransformation* ist.

Definition 3.2.4. *(Basistransformation)*
Gegeben sei eine Basis $\{\vec{x}_1, \ldots, \vec{x}_n\}$ des $\mathbb{K}^n$. Bildet man die reguläre Matrix

$$\mathcal{C} = \left(\vec{x}^1 \; \ldots \; \vec{x}^n\right)$$

so stellt die lineare Abbildung

$$\mathcal{C}^{-1} : \mathbb{K}^n \longrightarrow \mathbb{K}^n$$

eine Basistransformation des $\mathbb{K}^n$ dar. D. h., wird ein Vektor $\vec{a} \in \mathbb{K}^n$ als Linearkombination der $\vec{x}_1, \ldots, \vec{x}_n$ dargestellt,

$$\vec{a} = \alpha_1 \vec{x}_1 + \ldots + \alpha_n \vec{x}_n = \mathcal{C} \cdot \begin{pmatrix} \alpha_1 \\ \vdots \\ \alpha_n \end{pmatrix}$$

so gilt

$$\begin{pmatrix} \alpha_1 \\ \vdots \\ \alpha_n \end{pmatrix} = \mathcal{C}^{-1} \cdot \vec{a}$$

wobei die Komponenten von $\vec{a}$ in Koordinaten bezüglich der kanonischen Basis $\{\vec{e}_1, \ldots, \vec{e}_n\}$ gegeben sind.

[8] Wir verwenden innerhalb der Matrix $\mathcal{C}$ die Notation der Spaltenvektoren aus 2.3.

Bemerkungen 3.2.1.

1. *Wir haben die Aussage in Definition 3.2.4 für den $\mathbb{K}^n$ angegeben. Da allerdings jeder n-dimensionalen $\mathbb{K}$-Vektorraum V isomorph zum $\mathbb{K}^n$ ist, lässt sich die Aussage auch auf beliebige n-dimensionale $\mathbb{K}$-Vektorräume übertragen (siehe Übungen).*

2. *Da wir nun wissen, dass die Transformationsmatrix $\mathcal{C}$ eine Basistransformation $\mathbb{K}^n \to \mathbb{K}^n$ beschreibt und $\mathcal{A}$ so wie $\mathcal{D}$ ebenso Abbildungen von $\mathbb{K}^n \to \mathbb{K}^n$, lassen sich die Gleichung der Diagonalisierung (allg. die der Ähnlichkeit von Matrizen)*

$$\mathcal{C}^{-1} \cdot \mathcal{A} \cdot \mathcal{C} = \mathcal{D}$$

durch das folgende Diagramm veranschaulichen:

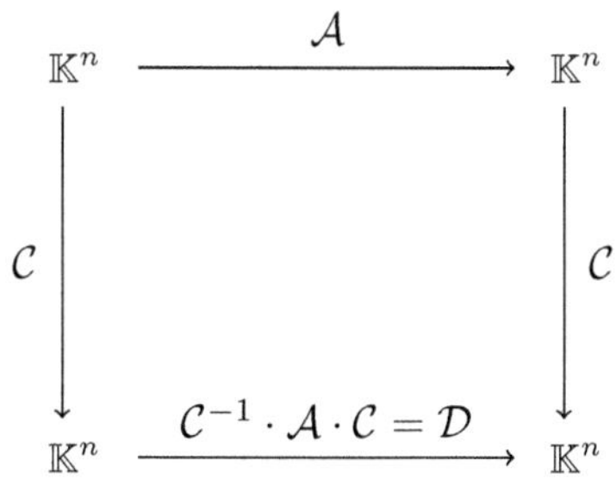

Abbildung 3.2: Basistransformation

Für Matrizen $\mathcal{A} \in M(n \times n, \mathbb{K})$ erhält man spezielle Basistransformationen, welche n (nicht notwendig verschiedene) Eigenwerte besitzen und n linear unabhängige Eigenvektoren.

Wie wir aus Satz 3.2.1 wissen, bilden dann diese Eigenvektoren von $\mathcal{A}$ eine Basis des $\mathbb{K}$-Vektorraums $\mathbb{K}^n$ und die Matrix $\mathcal{A}$ ist zu einer Diagonalmatrix $\mathcal{D}$ ähnlich, woraus sich stringent auf die Struktur der Transformationsmatrix $\mathcal{C}$ schließen lässt.

Der folgende Satz fasst diese Überlegungen zusammen:

Satz 3.2.3.
Sei die Matrix $\mathcal{A} \in M(n \times n, \mathbb{K})$ *diagonalisierbar,*

$$\mathcal{C}^{-1} \cdot \mathcal{A} \cdot \mathcal{C} = \mathcal{D}$$

mit

$$\mathcal{C} = \left(\vec{c}^{\,1} \ldots \vec{c}^{\,n}\right) \in \mathrm{GL}(n)$$

und der Diagonalmatrix

$$\mathcal{D} = \begin{pmatrix} \lambda_1 & \cdots & 0 \\ \vdots & \ddots & \vdots \\ 0 & \cdots & \lambda_n \end{pmatrix}$$

wobei $\lambda_1, \ldots, \lambda_n$ *die Eigenwerte von* $\mathcal{A}$ *sind. Dann sind die Vektoren* $\vec{c}_1, \ldots, \vec{c}_n$ *Eigenvektoren zu den Eigenwerten von* $\mathcal{A}$.

Beweis.

$$\begin{aligned} \mathcal{C}^{-1} \cdot \mathcal{A} \cdot \mathcal{C} = \mathcal{D} \quad &\Leftrightarrow \quad \mathcal{A} \cdot \mathcal{C} = \mathcal{C} \cdot \mathcal{D} \\ &\Leftrightarrow \quad \mathcal{A} \cdot \mathcal{C} = \left(\lambda_1 \vec{c}^{\,1} \; \lambda_2 \vec{c}^{\,2} \; \ldots \; \lambda_n \vec{c}^{\,n}\right) \\ &\Leftrightarrow \quad \mathcal{A} \cdot \vec{c}_1 = \lambda_1 \vec{c}_1, \; \ldots, \; \mathcal{A} \cdot \vec{c}_n = \lambda_n \vec{c}_n \end{aligned}$$

□

Wir können also für eine Transformationsmatrix $\mathcal{C}$ Folgendes festhalten:

Wenn die darstellende Matrix $\mathcal{A}$ eines Endomorphismus $T : \mathbb{K}^n \longrightarrow \mathbb{K}^n$ bezüglich der kanonischen Basis $\{\vec{e}_1, \ldots, \vec{e}_n\}$ beschrieben wird, dann stehen in der Transformationsmatrix $\mathcal{C}$ die „neuen" Basisvektoren $\vec{c}_1, \ldots, \vec{c}_n$ als Spaltenvektoren, deren jeweilige Koordinaten wiederum bezüglich der kanonischen Basis angegeben sind.
Die durch Multiplikation von rechts mit $\mathcal{C}$ gewonnene Matrix

$$\mathcal{A} \cdot \mathcal{C}$$

stellt ebenfalls die Abbildung $T : \mathbb{K}^n \longrightarrow \mathbb{K}^n$ dar, wobei der Ursprungsraum $\mathbb{K}^n$ mit der neuen Basis $\{\vec{c}_1, \ldots, \vec{c}_n\}$ versehen ist, während für den Zielraum noch die kanonische Basis gegeben ist.
Erst mit der weiteren Multiplikation mit $\mathcal{C}^{-1}$ von links

$$\mathcal{C}^{-1} \cdot \mathcal{A} \cdot \mathcal{C}$$

haben wir auch die Darstellung von T auf beiden Räumen in der neuen Basis $\{\vec{c}_1, \ldots, \vec{c}_n\}$ vorliegen.

Ist es das Ziel, eine gegebene Matrix $\mathcal{A} \in M(n \times n, \mathbb{K})$ zu diagonalisieren, so kann man wie folgt vorgehen:

Bemerkung 3.2.2.
Schritte zur Diagonalisierung einer Matrix $\mathcal{A} \in M(n \times n, \mathbb{K})$:

1. *Bestimmen aller Eigenwerte und Eigenvektoren von $\mathcal{A}$*
2. *Sind die Bedingungen aus Satz 3.2.1 erfüllt, ist $\mathcal{A}$ diagonalisierbar.*
3. *Aufstellen der Transformationsmatrix $\mathcal{C}$ legt die Reihenfolge der Eigenvektoren von $\mathcal{A}$ in $\mathcal{C}$ fest.*
4. *Aufstellen der Diagonalmatrix $\mathcal{D} = \mathcal{C}^{-1} \cdot \mathcal{A} \cdot \mathcal{C}$, welche als Diagonalkomponenten die Eigenwerte von $\mathcal{A}$ enthält, deren Reihenfolge durch die Reihenfolge der zugehörigen Eigenvektoren in $\mathcal{C}$ festgelegt ist.*
5. *Auch wenn Satz 3.2.3 eine Berechnung der Diagonalmatrix $\mathcal{D}$ mittels $\mathcal{D} = \mathcal{C}^{-1} \cdot \mathcal{A} \cdot \mathcal{C}$ nicht unbedingt notwendig macht, lohnt sich eine Kontrollrechnung.*

Bei der Diagonalisierung von Matrizen gibt es weitere Aspekte, welche wir noch betrachten werden, aber erst einmal wenden wir uns einem Beispiel zu:

Beispiel 3.2.2.
Gegeben ist die nicht symmetrische (3×3)-Matrix

$$\mathcal{A} = \begin{pmatrix} 0 & -1 & 1 \\ -3 & -2 & 3 \\ -2 & -2 & 3 \end{pmatrix}$$

Wir stellen das charakteristische Polynom und die charakteristische Gleichung auf (entwickeln der Determinante nach der dritten Spalte):

$$\begin{aligned} p_{\mathcal{A}}(\lambda) &= |\mathcal{A} - \lambda \cdot \mathcal{E}_3| = \begin{vmatrix} -\lambda & -1 & 1 \\ -3 & -2-\lambda & 3 \\ -2 & -2 & 3-\lambda \end{vmatrix} \\ &= \lambda(2+\lambda)(3-\lambda) + 6 + 6 - 2(2+\lambda) - 6\lambda - 3(3-\lambda) \\ &= \lambda(-\lambda^2 + \lambda + 6) + 12 - 13 - 5\lambda \\ &= -\lambda^3 + \lambda^2 + \lambda - 1 = (\lambda+1)(\lambda-1)(1-\lambda) = 0 \end{aligned}$$

Es ergeben sich die Eigenwerte:

$$\lambda_{1/2} = 1, \lambda_3 = -1$$

Wir beginnen mit der Berechnung der Eigenvektoren zu $\lambda_{1/2} = 1$*:*

$$\mathcal{A} - \lambda_1 \cdot \mathcal{E}_3 = \begin{pmatrix} -1 & -1 & 1 \\ -3 & -3 & 3 \\ -2 & -2 & 2 \end{pmatrix}$$

Die drei Zeilen sind paarweise linear abhängig. Daher brauchen wir nur die erste Zeile zu betrachten und erhalten durch $x_1 = -x_2 + x_3$ *die beiden linear unabhängigen Vektoren:*

$$\vec{v}_1 = \begin{pmatrix} 1 \\ 0 \\ 1 \end{pmatrix} \quad \text{und} \quad \vec{v}_2 = \begin{pmatrix} -1 \\ 1 \\ 0 \end{pmatrix}$$

Die Eigenvektoren zum Eigenwert $\lambda_3 = -1$ *ergeben sich wie folgt:*

$$\mathcal{A} - \lambda_3 \cdot \mathcal{E}_3 = \begin{pmatrix} 1 & -1 & 1 \\ -3 & -1 & 3 \\ -2 & -2 & 4 \end{pmatrix} \xrightarrow{II+3I, III+2I} \begin{pmatrix} 1 & -1 & 1 \\ 0 & -4 & 6 \\ 0 & -4 & 6 \end{pmatrix}$$

Damit folgt aus $x_2 = \frac{3}{2}x_3$ *und* $x_1 = \frac{1}{2}x_3$

$$\vec{v}_3 = \begin{pmatrix} 0,5 \\ 1,5 \\ 1 \end{pmatrix}$$

Nach Satz 3.2.3 stellt man die Transformationsmatrix auf:

$$\mathcal{C} = \begin{pmatrix} 1 & -1 & 0,5 \\ 0 & 1 & 1,5 \\ 1 & 0 & 1 \end{pmatrix}$$

und es folgt

$$\mathcal{D} = \begin{pmatrix} 1 & 0 & 0 \\ 0 & 1 & 0 \\ 0 & 0 & -1 \end{pmatrix} = \mathcal{C}^{-1} \cdot \mathcal{A} \cdot \mathcal{C}$$

Es ist hier zur Übung empfehlenswert dieses Beispiel und insbesondere die Matrix $\mathcal{D}$ *einmal nachzurechnen, da dies sehr zum Verständnis beitragen kann.*

In den Ingenieurwissenschaften spielen symmetrische Matrizen eine besondere Rolle, z. B. beim Trägheitstensor in der Mechanik.
Symmetrie von Matrizen $\mathcal{A} \in M(n \times n, \mathbb{K})$ bedeutet im Fall $\mathbb{K} = \mathbb{R}$ $\mathcal{A} = \mathcal{A}^T$. Im Fall $\mathbb{K} = \mathbb{C}$ betrachtet man anstelle der Symmetrie die so genannten *hermiteschen Matrizen*, für die $\mathcal{A} = \overline{\mathcal{A}^T}$ gilt, d. h. alle Einträge der transponierten Matrix sind zusätzlich konjugiert komplex (siehe später Definition 4.1.2).
Beginnen wir nun mit folgender Frage:

> Welchen Einfluss hat die Symmetrie einer Matrix $\mathcal{A} \in M(n \times n, \mathbb{K})$ auf deren Diagonalisierbarkeit, insbesondere wenn die Matrix $\mathcal{A}$ hermitesch bzw. symmetrisch ist?

Zur Beantwortung unserer Frage werden wir zuerst zeigen, dass das charakteristische Polynom $p_{\mathcal{A}}(\lambda)$ einer symmetrischen/hermiteschen Matrix A immer in Linearfaktoren zerfällt.
Da wir wissen, dass in $\mathbb{C}$ jedes Polynom in Linearfaktoren zerfällt, betrachten wir zunächst $\mathbb{K} = \mathbb{C}$.
Findet man eine komplexe Nullstelle $\lambda \in \mathbb{C}$ des charakteristischen Polynoms $p_{\mathcal{A}}(\lambda)$ so findet man auch einen Eigenvektor

$$\vec{v} = (x_1, x_2, \ldots, x_n)^T \in \mathbb{C}^n \text{ von } \mathcal{A}$$

zum Eigenwert λ. Bezeichnet man jetzt mit $\overline{\vec{v}}$ den zu $\vec{v}$ konjugiert komplexen Vektor $\overline{\vec{v}} = (\bar{x}_1, \bar{x}_2, \ldots, \bar{x}_n)^T$, so folgt:

$$\begin{aligned} \lambda\langle\overline{\vec{v}}, \vec{v}\rangle &= \overline{\vec{v}}^T \cdot \lambda\vec{v} = \overline{\vec{v}}^T \cdot (\mathcal{A} \cdot \vec{v}) = (\overline{\vec{v}}^T \cdot \mathcal{A}) \cdot \vec{v} \\ &= \overline{(\mathcal{A} \cdot \vec{v})}^T \cdot \vec{v} = \overline{\lambda\vec{v}}^T \cdot \vec{v} = \overline{\lambda}\overline{\vec{v}}^T \cdot \vec{v} \\ &= \overline{\lambda}\langle\overline{\vec{v}}, \vec{v}\rangle \end{aligned}$$

Da $\langle\overline{\vec{v}}, \vec{v}\rangle \neq 0$ gilt, weil Eigenvektoren Nicht-Null-Vektoren sind und das Skalarprodukt positiv definit ist, folgt $\lambda = \overline{\lambda}$ und damit $\lambda \in \mathbb{R}$.
Wir haben folglich gesehen, dass eine hermitesche Matrix $\mathcal{A}$ nur reelle Eigenwerte besitzt, ihr charakteristisches Polynom vollständig in Linearfaktoren zerfällt und in der Form

$$p_{\mathcal{A}}(t) = (\lambda_1 - t) \cdot (\lambda_2 - t) \cdot \ldots \cdot (\lambda_n - t)$$

geschrieben werden kann, mit den Eigenwerten $\lambda_1, \lambda_2, \lambda_3 \in \mathbb{R}$.

Eine zweite wichtige Eigenschaft von Eigenvektoren einer hermiteschen Matrix erhält man, wenn man zwei Eigenvektoren $\vec{v}_1, \vec{v}_2$ zu zwei verschiedenen Eigenwerten $\lambda_1, \lambda_2 \in \mathbb{R}$ betrachtet. Wir berechnen

$$\begin{aligned}
\lambda_1\langle\vec{v}_1,\vec{v}_2\rangle &= \langle\lambda_1\vec{v}_1,\vec{v}_2\rangle = \langle\mathcal{A}\cdot\vec{v}_1,\vec{v}_2\rangle \\
&= (\mathcal{A}\cdot\vec{v}_1)^T\cdot\vec{v}_2 = \left(\vec{v}_2^T\cdot(\mathcal{A}\cdot\vec{v}_1)\right)^T \\
&= \left(\vec{v}_2^T\cdot(\mathcal{A}^T\cdot\vec{v}_1)\right)^T = \left((\mathcal{A}\cdot\vec{v}_2)^T\cdot\vec{v}_1\right)^T = \vec{v}_1^T\cdot(\mathcal{A}\cdot\vec{v}_2) \\
&= \langle\vec{v}_1,\mathcal{A}\cdot\vec{v}_2\rangle = \langle\vec{v}_1,\lambda_2\vec{v}_2\rangle \\
&= \lambda_2\langle\vec{v}_1,\vec{v}_2\rangle
\end{aligned} \tag{3.18}$$

Wäre $\langle\vec{v}_1,\vec{v}_2\rangle \neq 0$, so würde $\lambda_1 = \lambda_2$ folgen, was einen Widerspruch zur Verschiedenheit der Eigenwerte darstellt.
(3.18) kann also nur für $\langle\vec{v}_1,\vec{v}_2\rangle = 0$ korrekt sein, was bedeutet, dass zwei Eigenvektoren $\vec{v}_1, \vec{v}_2$ zu zwei verschiedenen Eigenwerten einer hermiteschen Matrix $\mathcal{A}$ orthogonal zueinander sein müssen.

Somit haben wir zu einer hermiteschen Matrix $\mathcal{A}$ mit n reellen Eigenwerten, $\lambda_1, \lambda_2, \ldots, \lambda_n \in \mathbb{R}$, dann auch n Eigenvektoren, $\vec{v}_1, \vec{v}_2, \ldots, \vec{v}_n$, die paarweise orthogonal zu einander sind.

Jetzt haben wir Kenntnis über Eigenschaften der Eigenwerte und Eigenvektoren einer hermiteschen Matrix $\mathcal{A}$ erlangt und werden im nächsten Schritt noch die Eigenschaften der für die Diagonalisierung, $\mathcal{C}^{-1}\cdot\mathcal{A}\cdot\mathcal{C} = \mathcal{D}$, notwendigen Transformationsmatrix $\mathcal{C}$ untersuchen.
Hierfür normieren wir die Eigenvektoren $\vec{v}_i$ $(i = 1, \ldots, n)$

$$\vec{\mathfrak{n}}_i = \frac{\vec{v}_i}{|\vec{v}_i|},\ i = 1, 2, \ldots, n$$

Dann sind auch die $\vec{\mathfrak{n}}_i$ paarweise orthogonal und es gilt

$$\langle\vec{\mathfrak{n}}_i,\vec{\mathfrak{n}}_j\rangle = \vec{\mathfrak{n}}_i^T\cdot\vec{\mathfrak{n}}_j = \delta_{ij} \tag{3.19}$$

mit $\delta_{ij} = 0$ für $i \neq j$ und $\delta_{ii} = 1$ $(i = 1, \ldots, n)$.
Jetzt definieren wir die Transformationsmatrix

$$\mathcal{C} = \left(\vec{\mathfrak{n}}^1\ \vec{\mathfrak{n}}^2\ \ldots\ \vec{\mathfrak{n}}^n\right)$$

und berechnen mit Hilfe von Gleichung (3.19) das Produkt $\mathcal{C}^T\cdot\mathcal{C}$, welches eine erstaunliche Eigenschaft aufweist:

$$\mathcal{C}^T \cdot \mathcal{C} = \begin{pmatrix} \vec{\mathfrak{n}}_1^T \cdot \vec{\mathfrak{n}}_1 & \vec{\mathfrak{n}}_1^T \cdot \vec{\mathfrak{n}}_2 & \dots & \vec{\mathfrak{n}}_1^T \cdot \vec{\mathfrak{n}}_n \\ \vec{\mathfrak{n}}_2^T \cdot \vec{\mathfrak{n}}_1 & \vec{\mathfrak{n}}_2^T \cdot \vec{\mathfrak{n}}_2 & \dots & \vec{\mathfrak{n}}_2^T \cdot \vec{\mathfrak{n}}_n \\ \vdots & \vdots & \ddots & \vdots \\ \vec{\mathfrak{n}}_n^T \cdot \vec{\mathfrak{n}}_1 & \vec{\mathfrak{n}}_n^T \cdot \vec{\mathfrak{n}}_2 & \dots & \vec{\mathfrak{n}}_n^T \cdot \vec{\mathfrak{n}}_n \end{pmatrix} = \mathcal{E}_n$$

Die Spalten der Transformationsmatrizen $\mathcal{C}$ zur Diagonalisierung einer hermiteschen Matrix $\mathcal{A}$ bilden ein Orthonormalsystem und es gilt $\mathcal{C}^{-1} = \mathcal{C}^T$.

Die Menge aller Matrizen $\mathcal{C} \in M(n \times n, \mathbb{K})$ mit der Eigenschaft $\mathcal{C}^{-1} = \mathcal{C}^T$ definiert eine besondere Teilmenge der Matrizen $\mathrm{GL}(n)$.

Definition 3.2.5. *(orthogonale Matrix)*
Eine Matrix $\mathcal{C} \in \mathrm{GL}(n)$ *nennt man* **orthogonale Matrix**, *wenn* $\mathcal{C}^{-1} = \mathcal{C}^T$. *Die Menge aller orthogonalen* $(n \times n)$*-Matrizen wird mit* $\mathrm{O}(n)$ *bezeichnet.*

Bemerkungen 3.2.3.

1. *Produkte von orthogonalen Matrizen sind wieder orthogonal. (siehe Übungen)*

2. *Eine Matrix ist genau dann orthogonal, wenn ihre Spalten ein Orthonormalsystem des* $\mathbb{K}^n$ *bilden.*

3. *Für eine orthogonale Matrix* $\mathcal{A} \in \mathrm{GL}(n)$ *gilt* $|\det(\mathcal{A})| = 1$.

Unsere Ergebnisse lassen sich im folgenden Satz zusammenfassen:

Satz 3.2.4.
Jede symmetrische Matrix $\mathcal{A} \in M(n \times n, \mathbb{R})$ *besitzt* n *reelle Eigenwerte, die nicht notwendig verschieden sein müssen und* n *linear unabhängige Eigenvektoren, die als Orthonormalbasis des* $\mathbb{R}^n$ *gewählt werden können. Somit ist* $\mathcal{A}$ *diagonalisierbar und die Transformationsmatrix* $\mathcal{C}$ *kann orthogonal gewählt werden, d. h.* $\mathcal{C}^T = \mathcal{C}^{-1}$.

Das nächste Beispiel demonstriert die obigen Zusammenhänge anhand einer symmetrischen (3×3)-Matrix.

Beispiel 3.2.3.
Wir betrachten die folgende symmetrische Matrix $\mathcal{A} \in M(3 \times 3, \mathbb{R})$

$$\mathcal{A} = \begin{pmatrix} 3 & 2 & 0 \\ 2 & 6 & 0 \\ 0 & 0 & 4 \end{pmatrix}$$

Zur Ermittlung der Eigenwerte betrachten wir das charakteristische Polynom (entwickeln nach der dritten Spalte) und lösen die zugehörige charakteristische Gleichung:

$$\begin{aligned} p_{\mathcal{A}}(\lambda) &= |\mathcal{A} - \lambda \cdot \mathcal{E}_3| = \begin{vmatrix} 3-\lambda & 2 & 0 \\ 2 & 6-\lambda & 0 \\ 0 & 0 & 4-\lambda \end{vmatrix} \\ &= (-1)^{3+3}(4-\lambda) \cdot \begin{vmatrix} 3-\lambda & 2 \\ 2 & 6-\lambda \end{vmatrix} \\ &= (4-\lambda)\Big(\lambda^2 - 9\lambda + 14\Big) \\ &= (4-\lambda)(\lambda-2)(\lambda-7) = 0 \end{aligned}$$

Aus der letzten Zeile ergeben sich die Eigenwerte:

$$\lambda_1 = 4,\ \lambda_2 = 2,\ \lambda_3 = 7$$

Für die Berechnung der Eigenvektoren beginnen wir mit dem Eigenwert $\lambda_1 = 4$*:*

$$\mathcal{A} - \lambda_1 \cdot \mathcal{E}_3 = \begin{pmatrix} -1 & 2 & 0 \\ 2 & 2 & 0 \\ 0 & 0 & 0 \end{pmatrix}$$

Aus den ersten beiden Zeilen folgt $x_1 = x_2 = 0$*, bei* x_3 *beliebig und damit*

$$\vec{v}_1 = \begin{pmatrix} 0 \\ 0 \\ 1 \end{pmatrix}$$

Als zweites berechnen wir einen Eigenvektor zum Eigenwert $\lambda_2 = 2$*:*

$$\mathcal{A} - \lambda_2 \cdot \mathcal{E}_3 = \begin{pmatrix} 1 & 2 & 0 \\ 2 & 4 & 0 \\ 0 & 0 & 2 \end{pmatrix}$$

Somit muss $x_3 = 0$ gelten. Die ersten beiden Zeilen sind linear abhängig, also erhält man $x_1 = -2 \cdot x_2$ und es folgt

$$\vec{v}_2 = \begin{pmatrix} -2 \\ 1 \\ 0 \end{pmatrix}$$

Schließlich berechnen wir noch einen Eigenvektor zum Eigenwert $\lambda_3 = 7$:

$$\mathcal{A} - \lambda_3 \cdot \mathcal{E}_3 = \begin{pmatrix} -4 & 2 & 0 \\ 2 & -1 & 0 \\ 0 & 0 & -3 \end{pmatrix}$$

Erneut folgt $x_3 = 0$ und die ersten beiden Zeilen sind linear abhängig, woraus in diesem Fall $x_2 = 2 \cdot x_1$ folgt. Als ein Eigenvektor ergibt sich damit

$$\vec{v}_3 = \begin{pmatrix} 1 \\ 2 \\ 0 \end{pmatrix}$$

Da die Matrix $\mathcal{A}$ symmetrisch ist, müssen die Eigenvektoren ein Orthogonalsystem bilden. Um dies zu prüfen bildet man paarweise deren Skalarprodukt und es ergibt sich der erwartete Zusammenhang:

$$\begin{aligned} \langle \vec{v}_1, \vec{v}_2 \rangle &= \left\langle \begin{pmatrix} 0 \\ 0 \\ 1 \end{pmatrix}, \begin{pmatrix} -2 \\ 1 \\ 0 \end{pmatrix} \right\rangle = 0\,; \\ \langle \vec{v}_1, \vec{v}_3 \rangle &= \left\langle \begin{pmatrix} 0 \\ 0 \\ 1 \end{pmatrix}, \begin{pmatrix} 1 \\ 2 \\ 0 \end{pmatrix} \right\rangle = 0\,; \\ \langle \vec{v}_2, \vec{v}_3 \rangle &= \left\langle \begin{pmatrix} -2 \\ 1 \\ 0 \end{pmatrix}, \begin{pmatrix} 1 \\ 2 \\ 0 \end{pmatrix} \right\rangle = 0 \end{aligned}$$

Damit sind die drei Eigenvektoren paarweise orthogonal und stehen folglich im $\mathbb{R}^3$ aufeinander senkrecht.
Wir normieren die Eigenvektoren:

$$|\vec{v}_1| = 1, |\vec{v}_2| = \sqrt{4+1} = \sqrt{5}, |\vec{v}_3| = \sqrt{1+4} = \sqrt{5}$$

und bilden

$$\vec{n}_1 = \vec{v}_1 = \begin{pmatrix} 0 \\ 0 \\ 1 \end{pmatrix}; \vec{n}_2 = \frac{\vec{v}_2}{\sqrt{5}} = \begin{pmatrix} -\frac{2}{\sqrt{5}} \\ \frac{1}{\sqrt{5}} \\ 0 \end{pmatrix}; \vec{n}_3 = \frac{\vec{v}_3}{\sqrt{5}} = \begin{pmatrix} \frac{1}{\sqrt{5}} \\ \frac{2}{\sqrt{5}} \\ 0 \end{pmatrix}$$

Dann gilt aufgrund des Satzes 3.2.4 für die orthogonale Transformationsmatrix:

$$\mathcal{C} = \begin{pmatrix} 0 & -\frac{2}{\sqrt{5}} & \frac{1}{\sqrt{5}} \\ 0 & \frac{1}{\sqrt{5}} & \frac{2}{\sqrt{5}} \\ 1 & 0 & 0 \end{pmatrix}$$

Mit $\mathcal{C}$ lässt sich nun die zugehörige Diagonalmatrix $\mathcal{D}$ berechnen und es folgt

$$\mathcal{D} = \mathcal{C}^T \cdot \mathcal{A} \cdot \mathcal{C} = \begin{pmatrix} 4 & 0 & 0 \\ 0 & 2 & 0 \\ 0 & 0 & 7 \end{pmatrix}$$

Im Rahmen der bisherigen Untersuchungen haben wir nur diagonalisierbare Matrizen betrachtet, für deren Eigenwerte nach Satz 3.2.1 immer die Gleichheit von algebraischer und geometrischer Vielfachheit vorausgesetzt werden konnte. Für Fälle, in welchen die algebraische Vielfachheit eines Eigenwerts einer Matrix ungleich seiner geometrischen Vielfachheit ist, lässt sich die Matrix zwar nicht mehr diagonalisieren, aber dafür trigonalisieren.

Als Vorbereitung der Untersuchung des Falles der Trigonalisierbarkeit von Matrizen, führen wir im folgenden Abschnitt noch einen Ordnungsbegriff für symmetrischen Matrizen ein.

3.2.2 Definitheit von symmetrischen Matrizen

Eine Ordnung auf dem Raum der Matrizen einzuführen, so wie man es von den reellen Zahlen gewohnt ist, ist so ohne Weiteres nicht möglich. Bislang können wir bei Matrizen gleichen Typs durch Vergleich ihrer Komponenten nur sagen, dass sie entweder gleich sind oder eben ungleich.
Zudem wirkt jede Ordnung, wie z. B. die lexikographische Ordnung, künstlich und besitzt bei der Anwendung wenig Aussagekraft. Um sich dennoch auf eine sinnvollen Ordnung zu einigen, überträgt man eine Ordnung analog der bei reellen Funktionen auf die Menge der quadratischen Matrizen.[9]

[9] So wird eine Funktion $f : \mathbb{D}_f \subseteq \mathbb{R} \to \mathbb{R}$ als $f \geq 0$ bezeichnet, genau dann wenn $f(x) \geq 0$ gilt für alle $x \in \mathbb{D}_f$.

Da wir unsere Betrachtungen zudem auf symmetrische Matrizen beschränken möchten, führen wir noch die folgende Bezeichnung ein.

Definition 3.2.6. *(Menge der symmetrischen Matrizen)*
Die Menge der symmetrischen reellen Matrizen sei bezeichnet mit

$$M_s(n \times n, \mathbb{R}) = \left\{\mathcal{A} \in M(n \times n, \mathbb{R}); \mathcal{A} = \mathcal{A}^T\right\}$$

Wenn $\mathcal{A} \in M_s(n \times n, \mathbb{R})$ eine symmetrische Matrix ist, kann man eine sogenannte **quadratische Form** definieren, deren Eigenschaft sich auch über die Eigenwerte von $\mathcal{A}$ bestimmen lässt.

Quadratische Formen ordnen allgemein einem Vektor des zugrunde liegenden $\mathbb{K}$-Vektorraums über die zur quadratischen Form gehörende Matrix eine Zahl zu und spielen unter anderem bei der Lösung von Optimierungsproblemen eine zentrale Rolle. Gemeint ist die folgende Abbildung

Definition 3.2.7. *(quadratische Form)*
Sei $\mathcal{A} \in M(n \times n, \mathbb{R})$. Die folgende Abbildung wird als **quadratische Form** *zu $\mathcal{A}$ bezeichnet*

$$Q_{\mathcal{A}} : \mathbb{R}^n \longrightarrow \mathbb{R}^n,\ \vec{x} = (x_1, \ldots, x_n)^T \longmapsto Q_{\mathcal{A}}(\vec{x}\,) = \sum_{i,j=1}^{n} a_{ij} x_i x_j$$

Bemerkungen 3.2.4.

1. *Falls $\mathcal{A} = (a_{ij})_{n,n} \in M_s(n \times n, \mathbb{R})$, so gilt für die reellen Koeffizienten*

$$a_{ij} = a_{ji}$$

2. *Sofort erkennt man, dass $Q_{\mathcal{A}}(\vec{x}\,) \in \mathbb{R}$ gilt.*

3. *Wir können die quadratische Form nun auch wie folgt in der Vektorform schreiben*

$$Q_{\mathcal{A}}(\vec{x}\,) = \vec{x}^{\,T} \cdot \mathcal{A} \cdot \vec{x}. \tag{3.20}$$

4. *Die quadratische Form bezüglich der Einheitsmatrix ist durch das euklidische Skalarprodukt auf dem $\mathbb{R}^n$ gegeben:*

$$Q_{\mathcal{E}_n}(\vec{x}\,) = \vec{x}^{\,T} \cdot \mathcal{E}_n \cdot \vec{x} = \langle \vec{x}, \vec{x}\,\rangle$$

Es wird beim späteren Arbeiten mit quadratischen Formen wichtig sein zu wissen, welche Werte die jeweilige quadratische Form für $\vec{x} \neq \vec{0}$ annehmen kann, und eben diese Werte lassen sich kategorisieren und als eine Ordnung auf die Menge der symmetrischen Matrizen übertragen.

Mit Hilfe der quadratischen Formen können wir für symmetrische Matrizen die folgenden Bezeichnungen einführen.

Satz und Definition 3.2.5. *(Definitheit symmetrischer Matrizen)*

Sei $\mathcal{A} \in M_s(n \times n, \mathbb{R})$. *Die zugehörige quadratische Form* $Q_{\mathcal{A}}$ *heißt*

1. **positiv definit**, *wenn für alle* $\vec{x} \in \mathbb{R}^n$ $(\vec{x} \neq \vec{0})$ $Q_{\mathcal{A}}(\vec{x}) > 0$ *gilt*

   $\Leftrightarrow$ für alle Eigenwerte λ von $\mathcal{A}$ gilt $\lambda > 0$

2. **positiv semidefinit**, *wenn für alle* $\vec{x} \in \mathbb{R}^n$ $Q_{\mathcal{A}}(\vec{x}) \geq 0$ *gilt*

   $\Leftrightarrow$ für alle Eigenwerte λ von $\mathcal{A}$ gilt $\lambda \geq 0$

3. **negativ definit**, *wenn für alle* $\vec{x} \in \mathbb{R}^n$ $(\vec{x} \neq \vec{0})$ $Q_{\mathcal{A}}(\vec{x}) < 0$ *gilt*

   $\Leftrightarrow$ für alle Eigenwerte λ von $\mathcal{A}$ gilt $\lambda < 0$

4. **negativ semidefinit**, *wenn für alle* $\vec{x} \in \mathbb{R}^n$ $Q_{\mathcal{A}}(\vec{x}) \leq 0$ *gilt*

   $\Leftrightarrow$ für alle Eigenwerte λ von $\mathcal{A}$ gilt $\lambda \leq 0$

5. **definit**, *wenn* $Q_{\mathcal{A}}$ *positiv oder negativ definit ist.*

6. **indefinit** *falls es* $\vec{x}_1, \vec{x}_2 \in \mathbb{R}^n$ *gibt, mit* $\vec{x}_1 \neq \vec{0} \neq \vec{x}_2$, *sodass für die quadratische Form gilt* $Q_{\mathcal{A}}(\vec{x}_1) < 0 < Q_{\mathcal{A}}(\vec{x}_2)$

   $\Leftrightarrow$ *die Matrix* $\mathcal{A}$ *hat sowohl positive als auch negative Eigenwerte*

Der Beweis von Satz 3.2.5 *1.* ist Teil der Übungen. Als Tipp sei aber schon einmal erwähnt, dass man für den Beweis die Darstellung (3.20) und die Ergebnisse der Diagonalisierung verwendet.

Bemerkung 3.2.5.
Die Begriffe zur Definitheit lassen sich wie in Satz und Definition 3.2.5 auch für beliebige quadratische Matrizen festlegen, allerdings sind dann die Zusammenhänge mit den Eigenwerten der entsprechenden Matrix nicht mehr gegeben, wie das folgende Beispiel bestätigt:
Die reelle Matrix

$$\mathcal{A} = \begin{pmatrix} 0 & 2 \\ -1 & 0 \end{pmatrix}$$

besitzt aufgrund von $p_{\mathcal{A}}(\lambda) = \det(\mathcal{A} - \lambda \cdot \mathcal{E}_2) = \lambda^2 + 2 = 0$ *keine reellen Eigenwerte, weder positive, noch negative, ist aber indefinit, wegen*

$$\vec{x}^T \cdot \mathcal{A} \cdot \vec{x} = x_1 \cdot x_2, \quad \text{mit } \vec{x}^T = (x_1, x_2)$$

Man sieht nun, dass man wenigstens für symmetrische Matrizen eine partielle Ordnung wie folgt einführen kann:

Definition 3.2.8. *(partielle Ordnung symmetrischer Matrizen)*
Auf $M_s(n \times n, \mathbb{R})$ *definiert man die* **partielle Ordnung***:*
Für $\mathcal{A}, \mathcal{B} \in M_s(n \times n, \mathbb{R})$ *sei*

$$\begin{aligned} \mathcal{A} \leq \mathcal{B} \quad &\Leftrightarrow \quad \mathcal{B} - \mathcal{A} \text{ ist positiv semidefinit} \\ \mathcal{A} < \mathcal{B} \quad &\Leftrightarrow \quad \mathcal{B} - \mathcal{A} \text{ ist positiv definit} \end{aligned}$$

Für symmetrische Maztrizen haben wir gesehen, dass man mit Hilfe der n reellen Eigenwerte eine Ordnung einführen kann. Was lässt sich allgemein über Matrizen aussagen, deren charakteristische Polynome in Linearfaktoren zerfallen, d. h. die eben n reelle Eigenwerte besitzen. Wie wir bereits aus den Beispielen wissen, sind sie nicht notwendig diagonalisierbar. Aber vielleicht kann man etwas Ähnliches finden. Der nächste Abschnitt gibt darüber Auskunft.

3.2.3 Trigonalisierbarkeit

Im zentralen Satz 3.2.1 des vorletzten Abschnitts haben wir die Gleichheit von algebraischer und geometrischer Vielfachheit als hinreichende und notwendige Bedingung für die Diagonalisierbarkeit einer Matrix $\mathcal{A} \in M(n \times n, \mathbb{R})$ formuliert.
Falls aber für einen Eigenwert der Matrix $\mathcal{A}$ die algebraische Vielfachheit echt größer als die geometrische Vielfachheit ist, stellt sich die Frage, ob man dennoch eine Äquivalenz der Matrix wenigstens zu einer oberen Dreiecksmatrix $\mathcal{D}_o$ finden kann.

Eine Antwort auf diese Frage ist im Jahre 1870 von dem französischen Mathematiker Marie Ennemond Camille Jordan[10] durch die Formulierung der Trigonalisierung einer Matrix gegeben worden.
In diesem Kapitel werden wir diese Trigonalisierung schrittweise entwickeln und beginnen mit dem wichtigen Konzept der so genannten *Fahne* von Unterräumen, mit der für dieses Kapitel grundsätzlichen Beschränkung auf einen $\mathbb{K}$-Vektorraum V mit endlicher Dimension n.

Definition 3.2.9. *(Fahne)*
Eine Kette von Unterräumen $V_0 \subset V_1 \subset V_2 \subset \ldots \subset V_n$ *mit* $\dim(V_i) = i$, $i = 0, 1, \ldots, n$, *nennt man* **Fahne**.

Sofort kann man erkennen, dass $V = \{\vec{0}\}$ und $V_n = V$ gilt.

Mit dem Begriff der Fahne lässt sich rein formal bereits die Bezeichnung der Trigonalisierbarkeit für Endomorphismen einführen, deren Zusammenhang mit Dreiecksmatrizen sich schrittweise erschließen wird.

Definitionen 3.2.10. *(trigonalisierbare Endomorphismen)*

1. *Ist* $T : V \longrightarrow V$ *ein Endomorphismus, so nennt man eine Fahne* $V_0 \subset \ldots \subset V_n = V$ T-**invariant**, *wenn* $T(V_i) \subset V_i$ *für alle* $i = 1, \ldots, n$ *gilt.*

2. *Man bezeichnet einen Endomorphismus* $T : V \longrightarrow V$ *als* **trigonalisierbar**, *wenn es eine* T*-invariante Fahne gibt.*

Das nächste Lemma zeigt, wann ein Endomorphismus T trigonalisierbar ist und formuliert damit den Zusammenhang zu Dreiecksmatrizen [11]

Lemma 3.2.2.
Ein Endomorphismus $T \in \mathrm{End}(V)$ *auf einem* $\mathbb{K}$*-Vektorraum* V *ist genau dann trigonalisierbar, wenn eine* T *darstellende* $(n \times n)$*-Matrix* $\mathcal{A}$ *zu einer oberen Dreiecksmatrix* $\mathcal{D}_o$ *ähnlich ist, d. h. es exisiert ein* $\mathcal{B} \in \mathrm{GL}(n, \mathbb{K})$*, sodass*

$$\mathcal{B}^{-1} \cdot \mathcal{A} \cdot \mathcal{B} = \mathcal{D}_o$$

[10] Marie Ennemond Camille Jordan (1838-1920) war ein französischer Mathematiker, der an der École Polytechnique als Ingenieur ausgebildet wurde. Er unterrichtete später eben dort so wie am Collège de France. Sein Hauptarbeitsgebiet war die Gruppentheorie, die wesentlich zur Popularität der Galloistheorie beitrug. Nach Jordan sind einige Begriffe innerhalb der Mathematik benannt, wie z. B. der Satz über Jordankurven (Funktionentheorie), die Jordannormalform, die Jordanmatrix (lineare Algebra) oder auch das Jordanmaß (Maßtheorie). Jordan hatte zwei Töchter und sechs Söhne, von denen drei im Ersten Weltkrieg fielen.

[11] Das griechische Wort für „Dreieck“ ist „Trigon“.

Beweis.
"⇒": Es sei $V_0 \subset V_1 \subset \ldots \subset V_n = V$ eine T-invariante Fahne nach Definition 3.2.10. Dann wählt man eine Basis $B_1 = \{\vec{v}_1\}$ von V_1.
Es gilt $T(\vec{v}_1) = \alpha_{11}\vec{v_1} \in V_1$, wegen der in Definition 3.2.10 geforderten T-Invarianz.
Nun erweitere man mit $\vec{v}_2 \in V_2$ die Basis B_1 zu einer Basis $B_2 = \{\vec{v}_1, \vec{v}_2\}$ von V_2. Es gilt $T(\vec{v}_2) = \alpha_{12} \cdot \vec{v}_1 + \alpha_{22} \cdot \vec{v}_2 \in V_2$.
Man fährt in dieser Weise fort und erhält schließlich eine Basis $B_n = \{\vec{v}_1, \ldots, \vec{v}_n\}$ von $V_n = V$ mit $T(\vec{v}_n) = \sum_{i=1}^{n} \alpha_{in} \cdot \vec{v}_i$ $(\alpha_{ij} \in \mathbb{K},\ i,j = 1, \ldots, n)$.

Damit ergibt sich als darstellende Matrix von T die Form einer oberen Dreiecksmatrix $\mathcal{D}_o$ und man setzt

$$\mathcal{A} = \mathcal{D}_o = \begin{pmatrix} \alpha_{11} & \ldots & \ldots & \alpha_{1n} \\ 0 & \alpha_{22} & \ldots & \alpha_{2n} \\ \vdots & \ddots & \ddots & \vdots \\ 0 & \ldots & 0 & \alpha_{nn} \end{pmatrix}$$

"⇐": Ist $\mathcal{A}$ eine darstellende Matrix von T, die zu einer oberen Dreiecksmatrix ähnlich ist, $\mathcal{B}^{-1} \cdot \mathcal{A} \cdot \mathcal{B} = \mathcal{D}_o$, dann definiert die Transformationsmatrix $\mathcal{B}$ eine Basistransformation, sodass für die neue Basis $B = \{\vec{v}_1, \ldots, \vec{v}_n\}$ die obere Dreiecksmatrix $\mathcal{D}_o$ die darstellende Matrix von T ist. Man definiert dann

$$V_0 = \{0\} \text{ und } V_i = \operatorname{span}(\vec{v}_1, \ldots, \vec{v}_i),\ i = 1, \ldots, n$$

Wegen der Basistransformation stellt $\mathcal{D}_o$ in der Basis B den Endomorphismus T dar. Die Form der oberen Dreiecksmatrix ergibt, dass $T(V_i) \subset V_i$, $i = 0, 1, \ldots, n$, gilt. Damit bilden die Unterräume V_i eine T-invariante Fahne. □

Man sieht aus dem Beweis des Lemmas ein wichtiges zusätzliches Ergebnis: Man kann eine Basis $\{\vec{v}_1, \ldots, \vec{v}_n\}$ aus V, so finden, dass, richtig angeordnet, die Basisvektoren jeweils zu Basen von invarianten Räumen V_i , $i = 1, \ldots, n$ werden.

Der nächste Satz gibt die Verbindung zum charakteristischen Polynom einer darstellenden Matrix $\mathcal{A}$ und zeigt, was passiert, wenn das Polynom allgemein in Linearfaktoren zerfällt.

Satz 3.2.6.
Für einen Endomorphismus T auf einem endlich dimensionalen $\mathbb{K}$-Vektorraum V sind folgende Aussagen äquivalent.

1. *T ist trigonalisierbar.*
2. *Jede T darstellende $(n \times n)$-Matrix $\mathcal{A}$ ist zu einer oberen Dreiecksmatrix ähnlich.*
3. *Das charakteristische Polynom einer darstellenden Matrix zerfällt in Linearfaktoren, d. h.*

$$p_{\mathcal{A}}(\lambda) = (\lambda_1 - \lambda) \cdot (\lambda_2 - \lambda) \cdot \ldots \cdot (\lambda_n - \lambda)$$

Der jetzt anstehende Beweis zu Satz 3.2.6 mag etwas „sperrig" erscheinen, verknüpft aber sehr schön die bislang behandelten Zusammenhänge mit fundamentalen Methoden und ein Nachvollziehen ist sehr empfehlenswert.

Beweis.
1.$\Leftrightarrow$ 2. Ist nach Lemma 3.2.2 klar. 2.$\Rightarrow$ 3. Ist $\mathcal{A}$ als darstellende Matrix zu einer oberen Dreiecksmatrix $\mathcal{D}_o$ ähnlich, so gilt nach Übung 1 zu diesem Kapitel $p_{\mathcal{A}}(\lambda) = p_{\mathcal{D}_o}(\lambda)$ und damit sofort:

$$p_{\mathcal{A}}(\lambda) = (\lambda_1 - \lambda) \cdot (\lambda_2 - \lambda) \cdot \ldots \cdot (\lambda_n - \lambda),$$

wobei die Eigenwerte $\lambda_1, \ldots, \lambda_n$ auf der Hauptdiagonalen von $\mathcal{D}_o$ stehen.
3.$\Rightarrow$ 1. Dies beweisen wir durch vollständige Induktion nach $n \in \mathbb{N}$, der Dimension des $\mathbb{K}$-Vektorraums V (zur vollständigen Induktion siehe [SM01]).
IA: Für $n = 1$ ist die Aussage garantiert korrekt.
IV: Die Aussage, dass aus der Zerlegbarkeit des Polynoms die Existenz einer T-invarianten Fahne folgt, gelte für ein $n \in \mathbb{N}$.
IS: Wir müssen nun die Aussage für $n \to n + 1$ beweisen.
Hierzu sei $\vec{w}_{n+1}$ ein Eigenvektor zu λ_{n+1}. Wir erweitern $\vec{w}_{n+1}$ mit $\mathcal{B}_n = \{\vec{w}_1, \ldots, \vec{w}_n\}$ zu einer Basis $\mathcal{B}$ von V. Zusätzlich definieren wir $W_n = \text{span}(\mathcal{B}_n)$ und $W_{n+1} = \text{span}(\vec{w}_{n+1})$.
Es gilt $T(W_{n+1}) \subset W_{n+1}$ und so müssten wir nur noch $T(W_n) \subset W_n$ zur Vollendung für den Beweis zeigen. Allerdings gilt $T(W_n) \subset W_n$ nur, wenn T diagonalisierbar ist. Deshalb müssen wir anders vorgehen und definieren für einen beliebigen Vektor $\vec{w} \in W_n$:

$$T(\vec{w}\,) = \underbrace{\alpha_1 \cdot \vec{w}_1 + \ldots + \alpha_n \cdot \vec{w}_n}_{G(\vec{w})} + \underbrace{\alpha_{n+1} \cdot \vec{w}_{n+1}}_{H(\vec{w})}, \quad (\alpha_i \in \mathbb{K}, \, i = 1, \ldots, n)$$

Wir setzen also $T(\vec{w}) = G(\vec{w}) + H(\vec{w})$, wobei $G : W_n \longrightarrow W_n$ und $H : W_n \longrightarrow W_{n+1}$ lineare Abbildungen auf dem n-dimensionalen Raum W_n sind. Nach Definition bildet $\mathcal{B}_n = \{\vec{w}_1, \ldots, \vec{w}_n\}$ eine Basis von W_n. Damit kann man die darstellende Matrix $\mathcal{A}$ von T in der Form

$$\mathcal{A} = \begin{pmatrix} \mathcal{A}_n & * \\ \mathcal{O} & \lambda_{n+1} \end{pmatrix}$$

schreiben. Dabei ist $\mathcal{A}_n \in M(n \times n, \mathbb{K})$ die darstellende Matrix von G bzgl. $\mathcal{B}_n$, $\mathcal{O}$ eine Nullzeile, welche an der gegebenen Position die Matrix $\mathcal{A}$ auffüllt und bei $*$ handelt es sich um beliebige Einträge.

Nach Voraussetzung gilt für das charakteristische Polynom von $\mathcal{A}$:

$$p_{\mathcal{A}}(\lambda) = (\lambda_1 - \lambda) \cdot (\lambda_2 - \lambda) \cdot \ldots \cdot (\lambda_n - \lambda) \cdot (\lambda_{n+1} - \lambda)$$

Andererseits gilt für $\det(\mathcal{A} - \lambda \cdot \mathcal{E}_{n+1})$, mit dem Eigenwert λ_{n+1} von $\mathcal{A}$ nach Satz 2.3.2

$$\det(\mathcal{A} - \lambda \cdot \mathcal{E}_{n+1}) = p_{\mathcal{A}_n}(\lambda) \cdot (\lambda_{n+1} - \lambda)$$

Also ist $p_{\mathcal{A}_n}(\lambda) = (\lambda_1 - \lambda) \cdot (\lambda_2 - \lambda) \cdot \ldots \cdot (\lambda_n - \lambda)$. Nun ist $\mathcal{A}_n$ die darstellende Matrix der linearen Abbildung G und so können wir die Induktionsvoraussetzung anwenden, da $\dim(W_n) = n$ gilt.
Damit finden wir eine G-invariante Fahne $W_0 \subset W_1 \subset \ldots \subset W_n$ von W_n.

Um den Beweis abzuschließen, benötigen wir noch, dass es eine geeignete T-invariante Fahne gibt. Wir setzen $V_0 = W_0 = \{\vec{0}\}$, $V_1 = W_{n+1}$ und $V_{i+1} = V_1 + W_i$ für $i = 1, \ldots, n$. Dann bildet $\{V_j; j = 0, \ldots, n\}$ eine Fahne in V, da wegen der Fahne $\{W_i; i = 0, \ldots, n\}$, $V_0 \subset V_1 \subset V_2 \subset \ldots \subset V_n$ folgt.
Es bleibt damit zu zeigen, dass die V_n auch T-invariant sind.
Ist $\vec{v} \in V_1$, so gilt $T(\vec{v}) = \lambda_{n+1}\vec{v} \in V_1$, weil $\vec{v} = \alpha_{n+1} \cdot \vec{w}_{n+1}$ ein Eigenvektor nach Definition von V_1 ist.
Sei nun $\vec{v} \in V_{i+1}$ $(i = 1, \ldots, n)$, so läßt sich $\vec{v}$ als Summe darstellen

$$\vec{v} = \vec{x}_1 + \vec{y}_i \in V_1 + W_i \quad (\vec{x}_1 \in V_1\,,\ \vec{y}_i \in W_i)$$

Hieraus folgt für das Bild von $\vec{v}$ unter T

$$T(\vec{v}) = T(\vec{x}_1) + T(\vec{y}_i) = \alpha_{n+1}T(\vec{w}_{n+1}) + G(\vec{y}_i) + H(\vec{y}_i)$$

Da $\{W_i; i = 0, \ldots, n\}$ eine Fahne zu G ist, folgt $G(W_i) \subset W_i$ $(i = 0, \ldots, n)$ und wegen $H(\vec{y}_i) \in V_1$, erhalten wir abschließend auch für alle $\vec{v} \in V_{i+1}$ $(i = 1, \ldots, n)$: $T(\vec{v}) \in V_1 + W_i = V_{i+1}$. □

Aus dem Fundamentalsatz der Algebra weiss man, dass jedes Polynom über $\mathbb{K} = \mathbb{C}$ vollständig in Linearfaktoren zerfällt und damit ist für *komplexe* Matrizen eines klar:

Korollar 3.2.1.
Jede Matrix $\mathcal{A} \in M(n \times n, \mathbb{C})$ ist zu einer oberen Dreiecksmatrix ähnlich.

Satz 3.2.6 hat aufgezeigt, dass man zu einem Endomorphismus auf einem $\mathbb{K}$-Vektorraum V immer eine obere Dreiecksmatrix gewinnen kann.

Wir werden diesem am Beispiel einer (3×3)-Matrix einmal nachgehen.

Beispiel 3.2.4.
Als Endomorphismus betrachten wir

$$T : \mathbb{R}^3 \longrightarrow \mathbb{R}^3, \; F(x, y, z) = (6x + 8y + 6z, -2x - 2z, 2x + 4y + 6z)$$

Die darstellende Matrix $\mathcal{A}$ zur kanonischen Basis $B = \{\vec{e}_1, \vec{e}_2, \vec{e}_3\}$ lautet:

$$\mathcal{A} = \begin{pmatrix} 6 & 8 & 6 \\ -2 & 0 & -2 \\ 2 & 4 & 6 \end{pmatrix}.$$

1. *Schritt: (Berechnung von Eigenwerten und Eigenvektoren von $\mathcal{A}$)*
   Zu $\mathcal{A}$ ergibt sich das charakteristische Polynom

$$p_{\mathcal{A}}(\lambda) = \begin{vmatrix} 6-\lambda & 8 & 6 \\ -2 & -\lambda & -2 \\ 2 & 4 & 6-\lambda \end{vmatrix} = (4-\lambda)^3$$

   und aus der charakteristischen Gleichung, $p_{\mathcal{A}}(\lambda) = 0$, ergibt sich $\lambda = 4$ als einziger Eigenwert mit der algebraischer Vielfachheit $a(\mathcal{A}, \lambda = 4) = 3$. Als einzigen Eigenvektor zu $\lambda = 4$ erhält man

$$\vec{v}_1 = \begin{pmatrix} 1 \\ -1 \\ 1 \end{pmatrix}$$

   Damit gilt:

$$3 = a(\mathcal{A}, \lambda = 4) > g(\mathcal{A}, \lambda = 4) = 1$$

   und nach Satz 3.2.1 ist $\mathcal{A}$ nicht diagonalisierbar.

2. *Schritt: (Vorstufe zur Dreiecksform)*
Wir definieren eine neue Basis $B_1 = \{\vec{v}_1, \vec{e}_2, \vec{e}_3\}$. *Dann wird der Basiswechsel* $\mathcal{S}_1 : \mathbb{R}^3 \longrightarrow \mathbb{R}^3$ *von* B_1 *auf* B *durch die Matrix*

$$\mathcal{S}_1 = \begin{pmatrix} 1 & 0 & 0 \\ -1 & 1 & 0 \\ 1 & 0 & 1 \end{pmatrix}$$

dargestellt (siehe Abschnitt 3.2.1). Für die Inverse von S_1 *folgt dann*

$$\mathcal{S}_1^{-1} = \begin{pmatrix} 1 & 0 & 0 \\ 1 & 1 & 0 \\ -1 & 0 & 1 \end{pmatrix}$$

So erhalten wir als darstellende Matrix von T *in der Basis* B_1*:*

$$\mathcal{A}_1 = \mathcal{S}_1^{-1} \cdot \mathcal{A} \cdot \mathcal{S}_1 = \begin{pmatrix} 4 & 8 & 6 \\ 0 & 8 & 4 \\ 0 & -4 & 0 \end{pmatrix}$$

Die Matrix $\mathcal{A}_1 = (a_{ij})_{3,3}$ *muss nun nur noch in ihren Komponenten* a_{22}, a_{23}, a_{32} *und* a_{33} *durch eine Basistransformation so angepasst werden, dass die gesuchte Dreiecksform entsteht.*

3. *Schritt:(Festlegen von Untermatrix und Unterraum)*
Wir setzen nun

$$\Phi := U_{11}(\mathcal{A}_1) = \begin{pmatrix} 8 & 4 \\ -4 & 0 \end{pmatrix}$$

und definieren den Unterraum $W_2 = \operatorname{span}(\vec{e}_2, \vec{e}_3) \subset \mathbb{R}^3$.
Dann legt Φ *einen Endomorphismus auf dem* $\mathbb{R}^2$ *fest.*

4. *Schritt: (Trigonalisierung)*
Aus der Form der Matrix $\mathcal{A}_1$ *und deren Ähnlichkeit zu* $\mathcal{A}$ *erkennt man:*

$$p_{\mathcal{A}}(\lambda) = p_{\mathcal{A}_1}(\lambda) = (4-\lambda) \cdot p_{\Phi}(\lambda) = (4-\lambda) \cdot (\lambda-4)^2$$

Damit ist $\lambda = 4$ *ebenfalls ein Eigenwert von* Φ *und der zugehörige Eigenvektor im* $\mathbb{R}^2$ *von* Φ *lautet:*

$$\begin{pmatrix} 1 \\ -1 \end{pmatrix}$$

Wir definieren nun $\vec{v}_2 = \vec{e}_2 - \vec{e}_3 = (0, 1, -1)^T$ *und sehen, dass* $\vec{v}_2$ *ein Eigenvektor der linearen Abbildung* $T_2 : W_2 \longrightarrow W_2$ *ist.*
Sei nun $\mathcal{S}_2$ *die Basistransformation von* $B_2 = \{\vec{v}_1, \vec{v}_2, \vec{e}_3\}$ *auf* B_1, *so ist* $\mathcal{S}_2$ *durch die folgende Matrix gegeben*

$$\mathcal{S}_2 = \begin{pmatrix} 1 & 0 & 0 \\ 0 & 1 & 0 \\ 0 & -1 & 1 \end{pmatrix}$$

und für die Inverse von $\mathcal{S}_2$ *folgt*

$$\mathcal{S}_2^{-1} = \begin{pmatrix} 1 & 0 & 0 \\ 0 & 1 & 0 \\ 0 & 1 & 1 \end{pmatrix}.$$

Die Basiswechsel $\mathcal{S}_2$ *angewandt auf* $\mathcal{A}_1$ *ergibt die gesuchte zu* $\mathcal{A}$ *ähnliche Dreiecksmatrix*

$$\mathcal{D}_o = \mathcal{S}_2^{-1} \cdot \mathcal{A}_1 \cdot \mathcal{S}_2 = \begin{pmatrix} 4 & 2 & 6 \\ 0 & 4 & 4 \\ 0 & 0 & 4 \end{pmatrix}$$

und damit die Trigonalisierung von T.

Jordansche Normalform

Ist eine Matrix $\mathcal{A} \in M(n \times n, \mathbb{R})$ nicht diagonalisierbar, so existiert für $\mathcal{A}$ aber eine „normierte" Darstellung ihrer Dreiecksform, die sogenannte Jordansche Normalform.

Wir werden in diesem Abschnitt auf die Jordansche Normalform[12] kurz eingehen, um ihre Anwendung in der Theorie der Systeme von Differenzialgleichungen vorzubereiten. Solche Systeme finden insbesondere bei der Beschreibung von Schwingungen über Federn verbundener Massenpunkte Anwendung, wie z. B. bei einem Doppelpendel oder einer schwingenden Kette.
Wie wir wissen, lässt sich nicht jede Matrix diagonalisieren und dass die Diagonalisierbarkeit äquivalent zur Existenz einer Basis des zugrunde liegenden $\mathbb{K}$-Vektorraums aus Eigenvektoren ist (siehe Satz 3.2.1).

[12] Die Jordansche Normalform wird in der Literatur auch bezeichnet als „Jordan-Normalform" oder „Jordanform"

Notwendig und hinreichend hierfür ist es, dass für alle Eigenwerte zu einer gegebenen Matrix $\mathcal{A}$ jeweils deren algebraische Vielfachheit gleich ihrer geometrischen Vielfachheit ist.
Die geometrische Vielfachheit eines Eigenwerts λ ist dabei gleich der Dimension des zugehörigen Eigenraums

$$\mathrm{Eig}(\mathcal{A}, \lambda) = \{\vec{x} \in \mathbb{R}^n;\ \mathcal{A} \cdot \vec{x} = \lambda \cdot \vec{x}\}.$$

Betrachtet man aber eine Matrix $\mathcal{A}$, deren charakteristisches Polynom in Linearfaktoren zerfällt und die einen Eigenwert besitzt, dessen algebraische Vielfachheit größer ist als seine geometrische, so kann man eine zu $\mathcal{A}$ ähnliche Matrix $\mathcal{J}$ finden, welche eine „normierte" Darstellung einer möglichen Dreiecksform von $\mathcal{A}$ ist.[13]
Um diese Matrix $\mathcal{J}$ später einfacher notieren zu können, definieren wir die folgende Submatrix

Definition 3.2.11. *(Jordanmatrix, Jordankästchen)*
Sei $\lambda \in \mathbb{R}$ ein Eigenwert einer Matrix $\mathcal{A} \in M(n\times n, \mathbb{R})$, mit $a(\mathcal{A}, \lambda) = k$. Dann wird die folgende Matrix

$$\mathcal{J}_k = \begin{pmatrix} \lambda & 1 & 0 & \dots & 0 & 0 \\ 0 & \lambda & 1 & \dots & 0 & 0 \\ \vdots & \ddots & \ddots & \ddots & \vdots & \vdots \\ 0 & \dots & 0 & \lambda & 1 & 0 \\ 0 & \dots & \dots & 0 & \lambda & 1 \\ 0 & \dots & \dots & \dots & 0 & \lambda \end{pmatrix} \in M(k \times k, \mathbb{R}) \tag{3.21}$$

eine **Jordanmatrix** *oder auch ein* **Jordankästchen** *genannt.*

Für eine Jordanmatrix $\mathcal{J}_k$ ist es oft sinnvoll eine alternative Schreibweise zu verwenden. Bezeichnet nämlich $\mathcal{V}$ die $(k \times k)$-Matrix, welche nur in der oberen Nebendiagonalen Einsen besitzt und sonst Nullen, so kann man die Jordanmatrix in der folgenden Form notieren

$$\mathcal{J}_k = \lambda \cdot \mathcal{E}_k + \mathcal{V}$$

Der nun sich anschließende Satz führt auf die Jordansche Normalform:

Satz 3.2.7.
Ist $\mathcal{A}$ eine $(n\times n)$-Matrix, deren charakteristischen Polynoms vollständig in Linearfaktoren zerfällt, d. h.

$$p_{\mathcal{A}}(\lambda) = (-1)^n \cdot (\lambda - \lambda_1)^{k_1} \cdot \ldots \cdot (\lambda - \lambda_r)^{k_r}$$

[13]Für eine detaillierter Einführung siehe z. B. [Brie2], [Fil] oder auch [Ja1]

mit $k_j \in \mathbb{N}$ und λ_i, $i = 1, \ldots, r$ paarweise verschieden, so ist $\mathcal{A}$ zu einer Matrix

$$\mathcal{JN} = \begin{pmatrix} \mathcal{J}_1 & \mathcal{O} & \ldots & \ldots & \mathcal{O} \\ \mathcal{O} & \mathcal{J}_2 & \mathcal{O} & \ldots & \mathcal{O} \\ \vdots & \ddots & \ddots & \ddots & \vdots \\ \mathcal{O} & \ldots & \mathcal{O} & \mathcal{J}_{r-1} & \mathcal{O} \\ \mathcal{O} & \ldots & \ldots & \mathcal{O} & \mathcal{J}_r \end{pmatrix} \tag{3.22}$$

ähnlich. Dabei sind die Jordanmatrizen $\mathcal{J}_i$ von der Form in (3.21) mit $\mathcal{J}_i = \lambda_i \cdot \mathcal{E}_{k_i} + \mathcal{V}$.

Bemerkungen 3.2.6.

1. *Die Matrix $\mathcal{JN}$ in (3.22) wird* **Jordansche Normalform** *der Matrix $\mathcal{A}$ genannt.*

2. *Die Einträge $\mathcal{O}$ in (3.22) stehen für Nullmatrizen, welche neben den Jordanmatrizen $\mathcal{J}_i$ die Matrix $\mathcal{JN}$ auffüllen.*

Im Folgenden geben wir ein Verfahren an, wie man im Fall einer Matrix $\mathcal{A}$, die man eben nicht diagonalisieren kann, dessen charakteristisches Polynom aber vollständig in Linearfaktoren zerfällt, eine Basis findet, sodass $\mathcal{A}$ zu einer oberen Dreiecksmatrix $\mathcal{D}_o$ ähnlich ist.
Das Verfahren wird auch als Bestimmung der Hauptvektoren genannt.

Definition 3.2.12. *(Hauptvektoren)*
Gegeben sei eine $(n \times n)$-Matrix $\mathcal{A}$. Es sei $\lambda \in \mathbb{K}$ ein Eigenwert von $\mathcal{A}$. Wir nennen einen Vektor $\vec{x} \in \mathbb{K}^n$ **Hauptvektor k-ter Stufe** *$(k \in \mathbb{N})$, wenn*

$$(\mathcal{A} - \lambda \cdot \mathcal{E}_n)^{k-1} \cdot \vec{x} \neq \vec{0} \text{ und } (\mathcal{A} - \lambda \cdot \mathcal{E}_n)^k \cdot \vec{x} = \vec{0}$$

Nach Definition 3.2.12 sind automatisch die Eigenvektoren die Hauptvektoren erster Stufe.

Wir wissen nach Satz 3.2.6, dass die Anzahl der Eigenwerte λ in der Diagonalen der oberen Dreiecksmatrix $\mathcal{D}_o$ gleich der algebraischen Vielfachheit von λ sind.
Aus diesen Vorbereitungen ergibt sich die folgende Methodik zur Berechnung der Jordanschen Normalform:

Methode zur Bestimmung der Jordanschen Normalform

Sei $\mathcal{A} \in M(n \times n, \mathbb{R})$ eine nicht diagonalisierbare Matrix. Zuerst bestimmt man sämtliche Eigenwerte und alle bestimmbaren Eigenvektoren von $\mathcal{A}$.

Für Eigenwerte λ von $\mathcal{A}$ mit der Voraussetzung $a(\mathcal{A}, \lambda) > g(\mathcal{A}, \lambda)$ geht man nun schrittweise vor, um zu jeden dieser Eigenwerte noch weitere Hauptvektoren zu ermitteln:

- $a(\mathcal{A}, \lambda) = 2$
  Man bestimme den $\text{Ker}((\mathcal{A} - \lambda \cdot \mathcal{E}_n)^2)$. In diesem sind bekanntlich alle $\vec{x} \in \mathbb{K}^n$ mit $(\mathcal{A} - \lambda \cdot \mathcal{E}_n)^2 \cdot \vec{x} = \vec{0}$ enthalten.

  Neben den Eigenvektoren zum Eigenwert λ finden sich in $\text{Ker}((\mathcal{A} - \lambda \cdot \mathcal{E}_n)^2)$ auch alle Hauptvektoren zweiter Stufe. Diese sind nun all die Vektoren in $\text{Ker}((\mathcal{A} - \lambda \cdot \mathcal{E}_n)^2)$, welche zu den Eigenvektoren von λ linear unabhängig sind. Damit kann man die Eigenvektoren zu einer Basis von $\text{Ker}((\mathcal{A} - \lambda \cdot \mathcal{E}_n)^2)$ durch Hauptvektoren zweiter Stufe ergänzen.

- $a(\mathcal{A}, \lambda) = n > 2$
  In diesem Fall bestimmt man eine Basis von $\text{Ker}((\mathcal{A} - \lambda \cdot \mathcal{E}_n)^3)$ und verfährt entsprechend wie im Fall $a(\mathcal{A}, \lambda) = 2$ (man ergänzt nun die Hauptvektoren zweiter Stufe zu einer Basis von $\text{Ker}((\mathcal{A} - \lambda \cdot \mathcal{E}_n)^3)$) um, falls notwendig, mit dem Bestimmen von Basen zu

  $$\text{Ker}((\mathcal{A} - \lambda \cdot \mathcal{E}_n)^4) \subset \ldots \subset \text{Ker}((A - \lambda \cdot \mathcal{E}_n)^n)$$

  fortzufahren.

- Das Verfahren bricht automatisch dann ab, wenn man die algebraische Vielfachheit $a(\mathcal{A}, \lambda) = n$ erreicht hat.

Aus den Eigenvektoren und den zugehörigen Hauptvektoren rekrutieren sich dann die Spaltenvektoren der Transformationsmatrix $\mathcal{P}$, mit

$$\mathcal{JN} = \mathcal{P}^{-1} \cdot \mathcal{A} \cdot \mathcal{P}$$

Jetzt ist es Zeit für ein Beispiel zur praktischen Umsetzung.

Beispiel 3.2.5.
Wir kehren zum Beispiel 3.1.2 im ersten Abschnitt zurück. Dort war die

Matrix

$$\mathcal{A} = \begin{pmatrix} 1 & 2 & 3 \\ 4 & 3 & -2 \\ 0 & 0 & 5 \end{pmatrix}$$

gegeben, mit den Eigenwerten und Eigenvektoren

$$\lambda_1 = -1\,, \vec{v}_{(-1)} = \begin{pmatrix} 1 \\ -1 \\ 0 \end{pmatrix} \; ; \; \lambda_2 = 5, \; \vec{v}_{(5)} = \begin{pmatrix} 1 \\ 2 \\ 0 \end{pmatrix}$$

Dabei galt für den Eigenwert $\lambda_2 = 5$

$$1 = g(\mathcal{A}, 5) < a(\mathcal{A}, 5) = 2$$

Es muss folglich zu λ_2 *ein Hauptvektor zweiter Stufe berechenbar sein.*

Wir berechnen also

$$\mathcal{B} = (\mathcal{A} - 5 \cdot \mathcal{E}_3)^2 = \begin{pmatrix} 24 & -12 & -16 \\ -24 & 12 & 16 \\ 0 & 0 & 0 \end{pmatrix}$$

Offensichtlich ist $\mathrm{rg}(\mathcal{B}) = 1$ *und damit gilt für die Dimension des Kerns (siehe [SM02])*

$$\dim(\mathrm{Ker}((\mathcal{A} - \lambda \cdot \mathcal{E}_n)^2)) = 2$$

Nun weiß man, dass $\vec{v}_{(5)} = (1, 2, 0)^T$ *bereits als Eigenvektor im Kern liegt. Ein weiterer zu* $\vec{v}_{(5)}$ *linear unabhängiger Vektor ergibt sich durch Lösen des linearen Gleichungssystems (LGS)*

$$(\mathcal{A} - \lambda \cdot \mathcal{E}_n)^2 \cdot \vec{v} = \vec{0}$$

zu $\vec{v}_{(5;1)} = (0, -4, 3)^T$. *Damit hat man dann eine Basis des* $\mathbb{R}^3$ *aus Hauptvektoren*

$$\vec{v}_{(5)} = \begin{pmatrix} 1 \\ 2 \\ 0 \end{pmatrix}, \vec{v}_{(5;1)} = \begin{pmatrix} 0 \\ -4 \\ 3 \end{pmatrix}, \vec{v}_{(-1)} = \begin{pmatrix} 1 \\ -1 \\ 0 \end{pmatrix},$$

Aus den Hauptvektoren erhält man als Transformationsmatrix

$$\mathcal{P} = \begin{pmatrix} 1 & 1 & 0 \\ -1 & 2 & -4 \\ 0 & 0 & 3 \end{pmatrix}$$

und berechnet die obere Dreiecksmatrix

$$\mathcal{D}_o = \mathcal{P}^{-1} \cdot \mathcal{A} \cdot \mathcal{P} = \begin{pmatrix} -1 & 0 & 0 \\ 0 & 5 & 1 \\ 0 & 0 & 5 \end{pmatrix}$$

die Jordansche Normalform von $\mathcal{A}$*, mit den Jordankästchen*

$$J_1 = (-1) \text{ und } J_2 = \begin{pmatrix} 5 & 1 \\ 0 & 5 \end{pmatrix}$$

Bemerkung 3.2.7.
Abschließend sei noch bemerkt, dass es zu der bis hierher verwendeten Methode zur Berechnung aller Hauptvektoren höherer Stufe eine Alternative gibt.

Bei dieser zweiten Methode beginnt man bei einem Eigenwert λ *einer Matrix* $\mathcal{A}$*, mit* $a(\mathcal{A}, \lambda) = n > 2$ *(wobei das charakteristische Polynom von* $\mathcal{A}$ *vollständig in Linearfaktoren zerfalle) und bestimme den zu* λ *gehörenden Eigenvektor* $\vec{v}_0$*.*
Löst man das lineare Gleichungssystem $(\mathcal{A} - \lambda \cdot \mathcal{E}_n) \cdot \vec{v} = \vec{v}_0$*, so ergibt sich als Lösung* $\vec{v} = \vec{v}_1 + \alpha \cdot \vec{v}_0$ $(\alpha \in \mathbb{R})$*, mit dem Hauptvektor zweiter Stufe* $\vec{v}_1$*.*

Das anschließende Lösen des LGS $(\mathcal{A} - \lambda \cdot \mathcal{E}_n) \cdot \vec{v} = \vec{v}_1$ *führt auf eine Linearkombination von* $\vec{v}_0$*,* $\vec{v}_1$ *und einem Hauptvektor dritter Stufe* $\vec{v}_2$ *usw..*

Im Falle unseres Beispiels 3.2.5 ergibt sich als Lösung des folgenden LGS

$$\begin{pmatrix} 1-5 & 2 & 3 \\ 4 & 3-5 & -2 \\ 0 & 0 & 5-5 \end{pmatrix} \cdot \begin{pmatrix} v_1 \\ v_2 \\ v_3 \end{pmatrix} = \begin{pmatrix} 1 \\ 2 \\ 0 \end{pmatrix}$$

der Lösungsvektor

$$\begin{pmatrix} v_1 \\ v_2 \\ v_3 \end{pmatrix} = \begin{pmatrix} 0 \\ -4 \\ 3 \end{pmatrix} + \alpha \cdot \begin{pmatrix} 1 \\ 2 \\ 0 \end{pmatrix}, \ (\alpha \in \mathbb{R})$$

mit dem Hauptvektor zweiter Stufe

$$\vec{v}_1 = \begin{pmatrix} 0 \\ -4 \\ 3 \end{pmatrix}$$

3.2.4 Kurzaufgaben zum Verständnis

1. Ähnliche Matrizen besitzen dieselben Eigenwerte.

   □ wahr □ falsch

2. Ist eine reelle $(n \times n)$-Matrix $\mathcal{A}$ diagonalisierbar, so ist die Summe der Eigenwerte gleich der $\text{spur}(\mathcal{A})$.

   □ wahr □ falsch

3. Sind $\mathcal{A}$ und $\mathcal{B}$ symmetrische reelle $(n \times n)$-Matrizen, so hat $\mathcal{A} + \mathcal{B}$ immer n reelle Eigenwerte.

   □ wahr □ falsch

4. Alle trigonalisierbaren reellen $(n \times n)$-Matrizen haben n reelle Eigenwerte.

   □ wahr □ falsch

5. Für eine positiv definite reelle symmetrische $(n \times n)$-Matrix $\mathcal{A}$ gilt $\det(\mathcal{A}) > 0$.

   □ wahr □ falsch

6. Ist eine symmetrische (3×3)-Matrix $\mathcal{A}$ weder positiv noch negativ definit, so gilt $\det(\mathcal{A}) \leq 0$.

   □ wahr □ falsch

7. Sind $\mathcal{A}$ und $\mathcal{B}$ positiv definite, reelle und symmetrische $(n \times n)$-Matrizen, so ist auch $\mathcal{A} \cdot \mathcal{B}$ wieder positiv definit.

   □ wahr □ falsch

8. Sind alle Jordankästchen in der Jordanform einer Matrix $\mathcal{A} \in M(n \times n, \mathbb{K})$ (1×1)-Matrizen, dann ist $\mathcal{A}$ diagonalisierbar.

   □ wahr □ falsch

3.2.5 Übungen

Lösungsvideos zu den Übungen können auf www.lsgn24h.de über die Eingabe des Lösungscodes abgerufen werden.

Kl A:

1. Gegeben sei die Matrix

$$\mathcal{A} = \begin{pmatrix} 5 & -6 & -6 \\ -1 & 4 & 2 \\ 3 & -6 & 4 \end{pmatrix}$$

   (a) Berechnen Sie die Eigenwerte und Eigenvektoren von $\mathcal{A}$.

   (Lösungscode: SB03EW1A001)

   (b) Ist die Matrix diagonalisierbar? Wenn ja, geben Sie die Matrix $\mathcal{B}$ an, sodass $\mathcal{B}^{-1} \cdot \mathcal{A} \cdot \mathcal{B}$ eine Diagonalmatrix ist.

   (Lösungscode: SB03EW1A002)

2. Gegeben sei die Matrix

$$\mathcal{A}_1 = \begin{pmatrix} -3 & 0 & -2 \\ -9 & -2 & 18 \\ -5 & 0 & 6 \end{pmatrix}$$

   (a) Berechnen Sie die Eigenwerte und Eigenvektoren von $\mathcal{A}_1$.

   (Lösungscode: SB03EW1A003)

   (b) Ist die Matrix diagonalisierbar? Wenn ja, geben Sie die Matrix $\mathcal{P}$ an, sodass $\mathcal{P}^{-1} \cdot \mathcal{A}_1 \cdot \mathcal{P}$ eine Diagonalmatrix ist.

   (Lösungscode: SB03EW1A004)

3. Bestimmen Sie zur folgenden Matrix:

$$\mathcal{A}_2 = \begin{pmatrix} 1 & 0 & 0 \\ 2 & 1 & 0 \\ 0 & 2 & 1 \end{pmatrix}$$

   wenn möglich die inverse Marix.

   (Lösungscode: SB03EW1A005)

4. Gegeben sei die Matrix

$$\mathcal{A}_3 = \begin{pmatrix} 0 & -1 & 1 \\ -3 & -2 & 3 \\ -2 & -2 & 3 \end{pmatrix}$$

   (a) Man berechne die Eigenwerte der Matrix $\mathcal{A}_3$.

   (Lösungscode: SB03EW1A006)

   (b) Man bestimme die Eigenvektoren $\vec{v}_1, \vec{v}_2$ und $\vec{v}_3$ von $\mathcal{A}_3$.

   (Lösungscode: SB03EW1A007)

   (c) Geben Sie eine (3×3)-Matrix $\mathcal{C}$ an, sodass $\mathcal{C}^{-1} \cdot \mathcal{A}_3 \cdot \mathcal{C}$ eine Diagonalmatrix $\mathcal{D}$ ist und bestimmen Sie $\mathcal{D}$.

   (Lösungscode: SB03EW1A008)

5. Gegeben sei die Matrix

$$\mathcal{A}_4 = \begin{pmatrix} 2 & 4 & 6 \\ 4 & 4 & 4 \\ 6 & 4 & 2 \end{pmatrix}$$

   (a) Berechnen Sie die Eigenwerte der Matrix $\mathcal{A}_4$.

   (Lösungscode: SB03EW1A009)

   (b) Bestimmen Sie die Eigenvektoren $\vec{v}_1, \vec{v}_2$ und $\vec{v}_3$ von $\mathcal{A}_4$. Welche geometrische Eigenschaft haben die Eigenvektoren?

   (Lösungscode: SB03EW1A010)

   (c) Geben Sie eine (3×3)-Matrix $\mathcal{B}_1$ an, sodass $\mathcal{B}_1^T \cdot \mathcal{A}_4 \cdot \mathcal{B}_1$ eine Diagonalmatrix ist und zeigen Sie, dass $\mathcal{B}_1 \cdot \mathcal{A}_4 \cdot \mathcal{B}_1^{-1}$ keine Diagonalmatrix bestimmt.

   (Lösungscode: SB03EW1A011)

6. Gegeben sei die Matrix

$$\mathcal{A}_5 = \begin{pmatrix} 2 & 2 & 3 \\ 4 & 4 & -2 \\ 0 & 0 & 6 \end{pmatrix}$$

   Berechnen Sie die Eigenwerte und Eigenvektoren von $\mathcal{A}_5$. Ist die Matrix diagonalisierbar?

   (Lösungscode: SB03EW1A012)

Kl B:

1. Zeigen Sie, dass ähnliche Matrizen dieselbe Determinante und das selbe charakteristische Polynom besitzen.

(Lösungscode: SB03EW1B001)

2. Gegeben sei die Matrix

$$\mathcal{M} = \begin{pmatrix} 1 & 2 & 3 & 4 \\ 2 & 4 & 6 & 8 \\ 3 & 6 & 9 & 12 \\ 4 & 8 & 12 & 16 \end{pmatrix}$$

   (a) Berechnen Sie die Eigenwerte der Matrix.

   (Lösungscode: SB03EW1B002)

   (b) Bestimmen Sie die Eigenvektoren $\vec{v}_1, \vec{v}_2$, $\vec{v}_3$ und $\vec{v}_4$ von $\mathcal{M}$. Welche geometrische Eigenschaft haben die Eigenvektoren?

   (Lösungscode: SB03EW1B003)

   (c) Geben Sie eine (4×4)-Matrix $\mathcal{Q}$ an, sodass $\mathcal{Q}^T \cdot \mathcal{M} \cdot \mathcal{Q}$ eine Diagonalmatrix ist, deren Diagonalelemente die Eigenwerte von $\mathcal{M}$ darstellen.

   (Lösungscode: SB03EW1B004)

3. Trigonalisieren Sie die folgende Matrix

$$\begin{pmatrix} 12 & -6 & 1 \\ 0 & 15 & 0 \\ -4 & -8 & 8 \end{pmatrix}$$

(Lösungscode: SB03EW1B005)

4. Zeigen Sie, dass die orthogonalen Matrizen $\mathrm{O}(n)$ mit der Matrizenmultiplikation eine Untergruppe der regulären Matrizen $\mathrm{GL}(n)$ bilden.

(Lösungscode: SB03EW1B006)

5. Gegeben sei die Matrix

$$\mathcal{K} = \begin{pmatrix} 0 & 0 & 1 & 0 \\ 0 & 0 & 0 & 1 \\ 1 & 0 & 0 & 0 \\ 0 & 1 & 0 & 0 \end{pmatrix}$$

   (a) Ist $\mathcal{K}$ diagonalisierbar?

   (Lösungscode: SB03EW1B007)

   (b) Berechnen Sie die Eigenwerte von $\mathcal{K}$.

   (Lösungscode: SB03EW1B008)

   (c) Wenn $\mathcal{K}$ diagonalisierbar ist, geben Sie eine Matrix $\mathcal{P}_1$ an, so daß

$$\mathcal{P}_1^{-1} \cdot \mathcal{K} \cdot \mathcal{P}_1$$

   eine Diagonalmatrix ist. Kann $\mathcal{P}_1$ orthogonal sein?

   (Lösungscode: SB03EW1B009)

Kl C:

1. Zeigen Sie: Sind $\mathcal{A}, \mathcal{B}$ orthogonale $(n \times n)$-Matrizen, so sind $\mathcal{AB}$ und $\mathcal{A}^{-1}$ ebenfalls orthogonal.

   (Lösungscode: SB03EW1C001)

2. Zeigen oder widerlegen Sie: Sind $\mathcal{A}$ und $\mathcal{B}$ zwei reelle, symmetrische und positiv definite $(n \times n)$-Matrizen und gilt $\mathcal{A} \cdot \mathcal{B} = \mathcal{B} \cdot \mathcal{A}$, so ist $\mathcal{A} \cdot \mathcal{B}$ erneut positiv definit.

   (Lösungscode: SB03EW1C002)

3. Gegeben ist der Trägheitstensor

$$\mathcal{J} = \begin{pmatrix} 24 & -4 & -8 \\ -4 & 60 & -2 \\ -8 & -2 & 60 \end{pmatrix}$$

   Bestimmen Sie die Menge aller Winkelgeschwindigkeiten $\vec{\omega}$, bezüglich derer die Rotationsenergie $T_0 = \frac{1}{2} \cdot \vec{\omega}^T \cdot \mathcal{J} \cdot \vec{\omega} = 1.0 \frac{\mathrm{kg \cdot m^2}}{\mathrm{s^2}}$ ist.

   (Lösungscode: SB03EW1C003)

4. Diagonalisieren Sie die folgende Matrix

$$\begin{pmatrix} 1 & 2 & 3 \\ 4 & 5 & 6 \\ 7 & 8 & 9 \end{pmatrix}$$

(Lösungscode: SB03EW1C004)

5. Ist $\mathcal{A} \in \mathrm{O}(n)$ und ist λ eine Nullstelle des charakteristischen Polynoms $p_{\mathcal{A}}$, so gibt es ein $x \in]-\pi, \pi]$ mit

$$\lambda = e^{ix}.$$

Dabei gilt: Ist $p_{\mathcal{A}}(\lambda) = 0$, so auch $p_{\mathcal{A}}(\overline{\lambda}) = 0$. Ist n ungerade, so existiert ein Eigenwert $\lambda \in \mathbb{R}$.

(Lösungscode: SB03EW1C005)

Kl D:

1. Weisen Sie Satz 3.2.5 nach.

(Lösungscode: SB03EW1D001)

2. Ist $\mathcal{A} \in \mathrm{O}(n)$, so zeigen Sie $|\det(\mathcal{A})| = 1$. Die Teilmenge $\mathrm{SO}(n) = \{\mathcal{A} \in \mathrm{O}(n); \det(\mathcal{A}) = 1\}$ wird als *symmetrische Gruppe* oder *Gruppe der Drehmatrizen* bezeichnet. Zeigen Sie $\mathrm{SO}(n)$ ist mit der Matrizenmultiplikation eine Untergruppe von $\mathrm{O}(n)$.

(Lösungscode: SB03EW1D002)

3. (Satz vom Fussball) Liegt der Ball zu Beginn der ersten Halbzeit im Anstoßkreis (der Ursprung des Koordinatensystems befindet sich im Mittelpunkt des Fussballs), so gibt es $\vec{x}_1 \neq \vec{x}_2$ Ortsvektoren von zwei Punkten P_1 und P_2 auf der Oberfläche des Fussballs, derart, dass zum Anstoss der zweiten Halbzeit diese zwei Punkte P_1 und P_2 dieselben Ortsvektoren haben.

(Lösungscode: SB03EW1D003)

4. Es sei $\mathcal{A} \in M(n \times n, \mathbb{K})$. Man definiere den sogenannten *Rayleigh-Quotienten*

$$R(\vec{x}\,) = \frac{\overline{\vec{x}}^T \cdot \mathcal{A} \cdot \vec{x}}{\overline{\vec{x}}^T \cdot \vec{x}}, \quad \vec{x} \neq \vec{0},$$

wobei $\overline{\vec{x}}^T = (\overline{x}_1, \ldots, \overline{x}_n)$ der konjugiert komplexe und transponierte Vektor von $\vec{x} \in \mathbb{K}^n$ ist. Zeigen Sie:

(a) Der Quotient ist *homogen*, d. h. für alle $\alpha \in \mathbb{K}, \alpha \neq 0$ und $\vec{x} \in \mathbb{K}^n \setminus \{\vec{0}\}$ gilt: $R(\alpha \cdot \vec{x}\,) = R(\vec{x}\,)$.

(Lösungscode: SB03EW1D004)

(b) Für alle Eigenvektoren $\vec{x}$ von $\mathcal{A}$ zum Eigenwert λ gilt: $R(\vec{x}\,) = \lambda$.

(Lösungscode: SB03EW1D005)

(c) Ist $\mathcal{A}$ symmetrisch reell, so gilt für alle $\vec{x} \in \mathbb{R}^n$ $(\vec{x} \neq \vec{0})$:

$$\min\{\lambda; \lambda \text{ ist EW von } \mathcal{A}\} \leq R(\vec{x}\,) \leq \max\{\lambda; \lambda \text{ ist EW von } \mathcal{A}\}$$

(EW: Eigenwert)

(Lösungscode: SB03EW1D006)

4. Lineare Abbildungen auf euklidischen Vektorräumen

Ach der! Der ist Poet geworden. Für die Mathematik hatte er zu wenig Phantasie.

(David Hilbert (1869 -1943))

4.1 Euklidischer Vektorraum – Ein kurzer Rückblick

Da in der Anwendung immer wieder Vektorräume mit einem auf ihnen definierten Skalarprodukt die Grundlage für die Berechenbarkeit von physikalischen und technischen Zusammenhängen bilden, hatten wir in Band 2 ([SM02]) die euklidischen Vektorräume eingeführt. Euklidische Vektorräume oder im Komplexen unitäre Vektorräume ermöglichen viele Beschreibungen und Analysen technischer und physikalischer Sachverhalte. Sie finden unter anderem Anwendung auf den Gebieten der Schwingungen oder der Quantenmechanik.

In diesem Abschnitt, welcher die Grundlagen aus [SM02] erweitert, werden nun besondere Eigenschaften solcher Vektorräume vorgestellt und untersucht. Zu diesem Zweck werden wir einiges wiederholen und anderes neu formulieren.
Beginnen wir aber damit, dass ab jetzt auf den zugrundeliegenden Vektorräumen ein Skalarprodukt definiert sein soll.

G. Schlüchtermann und N. Mahnke, *Basiswissen Ingenieurmathematik Band 3*, https://doi.org/10.1007/978-3-658-39600-8_4

Um dabei nicht nur auf das euklidische Skalarprodukt beschränkt sein zu müssen, legen wir als eine allgemeinere Einführung des Skalarprodukts Folgendes fest:

Definitionen 4.1.1. *(zum Skalarprodukt)*
Es sei V ein Vektorraum über $\mathbb{K}$.

1. *Eine Abbildung $s : V \times V \longrightarrow \mathbb{K}$ nennt man* **bilinear** *oder* **Bilinearform**, *wenn*

   B1) $\forall\ \vec{v}_1, \vec{v}_2, \vec{w} \in V\,,\ \lambda \in \mathbb{K}:\ s(\vec{v}_1 + \vec{v}_2, \vec{w}\,) = s(\vec{v}_1, \vec{w}\,) + s(\vec{v}_2, \vec{w}\,)$ *und* $s(\lambda \cdot \vec{v}_1, \vec{w}\,) = \lambda \cdot s(\vec{v}_1, \vec{w}\,)$.

   B2) $\forall\ \vec{v}, \vec{w}_1, \vec{w}_2 \in V\,,\ \lambda \in \mathbb{K}:\ s(\vec{v}, \vec{w}_1 + \vec{w}_2) = s(\vec{v}, \vec{w}_1) + s(\vec{v}, \vec{w}_2)$ *und* $s(\vec{v}, \lambda \cdot \vec{w}_1) = \lambda \cdot s(\vec{v}, \vec{w}_1)$.

2. *Ist $s : V \times V \longrightarrow \mathbb{K}$ eine Bilinearform, so heißt s* **symmetrisch**, *wenn*
$$\forall\ \vec{v}, \vec{w} \in V:\ s(\vec{v}, \vec{w}\,) = s(\vec{w}, \vec{v}\,)$$

3. *Eine Abbildung $s : V \times V \longrightarrow \mathbb{C}$ auf einem $\mathbb{C}$-Vektorraum, nennt man* **Sesquilinearform**, *wenn*

   S1) $\forall\ \vec{v}_1, \vec{v}_2, \vec{w} \in V\,,\ \lambda \in \mathbb{C}:\ s(\vec{v}_1 + \vec{v}_2, \vec{w}\,) = s(\vec{v}_1, \vec{w}\,) + s(\vec{v}_2, \vec{w}\,)$ *und* $s(\lambda \cdot \vec{v}_1, \vec{w}\,) = \lambda \cdot s(\vec{v}_1, \vec{w}\,)$.

   S2) $\forall\ \vec{v}, \vec{w}_1, \vec{w}_2 \in V\,,\ \lambda \in \mathbb{C}:\ s(\vec{v}, \vec{w}_1 + \vec{w}_2) = s(\vec{v}, \vec{w}_1) + s(\vec{v}, \vec{w}_2)$ *und* $s(\vec{v}, \lambda \cdot \vec{w}_1) = \overline{\lambda} \cdot s(\vec{v}, \vec{w}_1)$.

4. *Eine Sesquilinearform $s : V \times V \longrightarrow \mathbb{C}$ nennt man* **hermitesche Form**, *wenn*
$$\forall\ \vec{v}, \vec{w} \in V:\ s(\vec{v}, \vec{w}\,) = \overline{s(\vec{w}, \vec{v}\,)}$$

5. *Eine Bilinearform $s : V \times V \longrightarrow \mathbb{K}$ (bzw. hermitesche Form $s : V \times V \longrightarrow \mathbb{C}$) nennt man* **positiv definit**, *wenn*
$$\forall\ \vec{v} \in V, \vec{v} \neq \vec{0}:\ s(\vec{v}, \vec{v}\,) > 0$$

6. *Auf einem $\mathbb{K}$-Vektorraum V nennt man eine positiv definite symmetrische Bilinearform (bzw. hermitesche Form mit $\mathbb{K} = \mathbb{C}$)*
$$\langle \cdot, \cdot \rangle : V \times V \longrightarrow \mathbb{K},\ (\vec{v}, \vec{w}\,) \longmapsto \langle \vec{v}, \vec{w}\,\rangle$$
   ein **Skalarprodukt**.

Da wir in diesem Abschnitt die Beziehungen zwischen bestimmten Abbildungen und Bilinearformen bzw. Skalarprodukten erarbeiten, mussten wir die einzelnen Stufen bis zur Definition eines Skalarprodukts aufgliedern.[1]

Ist $\mathcal{A} \in M(n \times n, \mathbb{K})$, so wiederholen wir zur Festigung die folgenden bereits bekannten Begriffe:

Definitionen 4.1.2. *(symmetrische und hermitesche Matrizen)*
Sei $\mathcal{A} \in M(n \times n, \mathbb{K})$ $(\mathbb{K} = \mathbb{R}, \mathbb{C})$. *Dann heißt* $\mathcal{A}$

1. **symmetrisch**, *wenn* $\mathcal{A} = \mathcal{A}^T$.
2. *im Fall* $\mathbb{K} = \mathbb{C}$ **hermitesch**, *wenn* $\mathcal{A} = \overline{\mathcal{A}}^T$.

Im folgenden Beispiel demonstrieren wir den Zusammenhang, der sich zwischen einer symmetrischen Matrix, der durch die Matrix implizierten Bilinearform und deren Definitheit automatisch ergibt.

Beispiel 4.1.1.
Wir betrachten die folgende Matrix $\mathcal{A} \in M(3 \times 3, \mathbb{R})$:

$$\mathcal{A} = \begin{pmatrix} 3 & 2 & 1 \\ 2 & 6 & 2 \\ 1 & 2 & 3 \end{pmatrix}$$

Die Matrix ist symmetrisch mit $\det(\mathcal{A}) = 32$. *Damit besitzt sie drei reelle Eigenwerte ungleich Null (Warum eigentlich?).*
Wir definieren zu $\mathcal{A}$ *eine Bilinearform* $s_{\mathcal{A}}(\,.\,,\,.\,) : \mathbb{R}^3 \times \mathbb{R}^3 \to \mathbb{R}$ *wie folgt:*

$$\begin{aligned} s_{\mathcal{A}}(\vec{v}, \vec{w}) &= \vec{v}^T \cdot \mathcal{A} \cdot \vec{w} \\ &= (v_1, v_2, v_3) \cdot \begin{pmatrix} 3 & 2 & 1 \\ 2 & 6 & 2 \\ 1 & 2 & 3 \end{pmatrix} \cdot \begin{pmatrix} w_1 \\ w_2 \\ w_3 \end{pmatrix} \\ &= v_1(3w_1 + 2w_2 + 1w_3) + v_2(2w_1 + 6w_2 + 2w_3) \\ &\quad + v_3(1w_1 + 2w_2 + 3w_3) \end{aligned}$$

Dass sie (B1) und (B2) erfüllt, kann man leicht anhand des Distributivgesetzes der Matrizenmultiplikation nachprüfen.
Aber die Bilinearform ist auch symmetrisch, denn:

$$s_{\mathcal{A}}(\vec{v}, \vec{w}) = \vec{v}^T \mathcal{A} \vec{w} = (\vec{v}^T \mathcal{A} \vec{w})^T = \vec{w}^T \mathcal{A}^T (\vec{v}^T)^T = \vec{w}^T \mathcal{A} \vec{v} = s_{\mathcal{A}}(\vec{w}, \vec{v})$$

[1] In [SM02] wurde das Skalarprodukt identisch zu Definitionen 4.1.1 *6.* eingeführt.

Dabei wurde neben der Rechenregel des Transponierens von Produkten verwendet, dass die Transponierte einer reellen Zahl wieder sie selbst und $\mathcal{A}$ symmetrisch ist.

$s_{\mathcal{A}}$ ist zudem auch positiv definit:
So bildet $s_{\mathcal{A}}(\vec{v}, \vec{v}) = \vec{v}^T \cdot \mathcal{A} \cdot \vec{v}$ eine quadratische Form. Für sie gilt nach Satz und Definition 3.2.5:

$$s_{\mathcal{A}}(\vec{v}, \vec{v}) > 0 \text{ für } \vec{v} \neq \vec{0} \;\Leftrightarrow\; \text{alle Eigenwerte sind positiv.}$$

Die Eigenwerte von $\mathcal{A}$ lauten: $\lambda_{1,2} = 2$, $\lambda_3 = 8$

Bemerkungen 4.1.1.

1. *Aufgrund von Definition 4.1.2 gilt für jede hermitesche Form $s_{\mathcal{A}}(\vec{v}, \vec{v}_1) \in \mathbb{R}$ für alle $\vec{v}$ und $\vec{v}_1$ aus dem zugrunde liegenden $\mathbb{R}$-Vektorraum.*

2. *Die symmetrischen Matrizen für $\mathbb{K} = \mathbb{R}$ haben wir bereits im letzten Kapitel behandelt. Hier soll noch einmal betont werden, dass für $\mathbb{K} = \mathbb{R}$ die symmetrischen Matrizen einen Untervektorraum aller Matrizen $M(n \times n, \mathbb{R})$ bilden.*
   Man beachte, dass für $\mathbb{K} = \mathbb{C}$ die hermiteschen Matrizen keinen $\mathbb{C}$-Unterraum von $M(n \times n, \mathbb{C})$ bilden, da wegen der Bildung des konjugiert Komplexen für eine hermitesche Matrix $\mathcal{A} \in M(n \times n, \mathbb{C})$ nur dann $\lambda\mathcal{A} = \overline{\lambda\mathcal{A}}^T$ folgen würde, wenn $\lambda \in \mathbb{R}$ gilt.

Die nächste Proposition zeigt, wie man allgemein mit Matrizen Bilinearformen (bzw. hermitesche Formen) bildet. Der Beweis ist eine Aufgabe in den Übungen.

Proposition 4.1.1.
Es sei $V = \mathbb{K}^n$ gegeben. Dann gilt:

1. *Ist $\mathcal{A} \in M(n \times n, \mathbb{K})$ ($\mathbb{K} = \mathbb{R}$) eine symmetrische Matrix, so bildet*

   $$V \times V \to \mathbb{R}\,,\; (\vec{v}, \vec{w}) \mapsto \vec{v}^T \cdot \mathcal{A} \cdot \vec{w}$$

   eine symmetrische Bilinearform.

2. *Ist $\mathcal{B} \in M(n \times n, \mathbb{K})$ ($\mathbb{K} = \mathbb{C}$) eine hermitesche Matrix, so bildet*

   $$V \times V \to \mathbb{C}\,,\; (\vec{v}, \vec{w}) \mapsto \vec{v}^T \cdot \mathcal{B} \cdot \vec{w}$$

   eine hermitesche Form.

Haben wir eine symmetrische oder hermitesche Matrix gegeben, so erhalten wir also auf dem zugrunde liegenden $\mathbb{K}$-Vektorraum nach Proposition 4.1.1 automatisch eine Bilinearform bzw. hermitesche Form.
Damit stellt sich die Frage, ob man zu einer gegebenen Bilinearform oder hermiteschen Form auch immer eine zugehörige darstellende Matrix bestimmen kann.

Wie wir aus [SM02] wissen, existiert in jedem endlich n-dimensionalen $\mathbb{K}$-Vektorraum V eine Basis $\mathcal{B} = \{\vec{e}_1, \ldots, \vec{e}_n\}$.
Eine symmetrische Bilinearform (bzw. hermitesche Form) $s(\cdot, \cdot)$ besitzt zwei Variablenstellen, was geradezu zu der folgenden Definition einer darstellenden Matrix einlädt.

Definition 4.1.3. *(darstellende Matrix)*
Es seien V ein $\mathbb{K}$-Vektorraum und $\mathcal{B} = \{\vec{e}_1, \ldots, \vec{e}_n\}$ eine Basis von V. Ist $s : V \times V \longrightarrow \mathbb{K}$ eine symmetrische Bilinearform (bzw. hermitesche Form), so bezeichnet man mit

$$\mathcal{S}_{\mathcal{B}} = (s(\vec{e}_i, \vec{e}_j))_{n,n} \in M(n \times n, \mathbb{K})$$

die **darstellende Matrix** *von s.*

Je nach Basis $\mathcal{B}$ von V kann man also zu einer gegebenen Bilinearform (bzw. hermiteschen Form) $s : V \times V \longrightarrow \mathbb{K}$ eine sie darstellende Matrix $s_{\mathcal{B}}$ bestimmen. Da es für V aber unendlich viele Basen gibt, ist der folgende Satz eine logische Folgerung aus dem Konzept der darstellenden Matrix.

Satz 4.1.1.
Es seien V ein n-dimensionaler Vektorraum über $\mathbb{K}$ und $\mathcal{B} = \{\vec{e}_1, \ldots, \vec{e}_n\}$ eine Basis. Durch die in Definition 4.1.3 festgelegte Abbildung

$$s \longmapsto \mathcal{S}_{\mathcal{B}}$$

wird eine bijektive Abbildung von der Menge der symmetrischen Bilinearformen (bzw. hermiteschen Formen) auf V auf die Menge der symmetrischen (bzw. hermiteschen) Matrizen gebildet.

Mit Hilfe der Abbildung $s \longmapsto \mathcal{S}_{\mathcal{B}}$ nach Satz 4.1.1 bzw. der Umkehrabbildung, kann man schließlich das folgende Korollar aufstellen, welches die Eindeutigkeit der s darstellenden Matrix bezüglich einer Basis des $\mathbb{K}$-Vektorraums formuliert.

Korollar 4.1.1.
Sind $\mathcal{A}_1, \mathcal{A}_2 \in M(n \times n, \mathbb{K})$ und gilt für alle $\vec{v}, \vec{w} \in \mathbb{K}^n$

$$\vec{v}^T \cdot \mathcal{A}_1 \cdot \vec{w} = \vec{v}^T \cdot \mathcal{A}_2 \cdot \vec{w}$$

so folgt $\mathcal{A}_1 = \mathcal{A}_2$.

Bemerkung 4.1.2.
Hat man auf einem n-dimensionalen $\mathbb{K}$-Vektorraum V eine symmetrische Bilinearform (bzw. hermitesche Form) s gegeben, so kann man durch

$$q_s(\vec{v}) = s(\vec{v}, \vec{v}) \tag{4.1}$$

eine **quadratische Form** *mit Hilfe von symmetrischen Matrizen festlegen, wie in Defintion 3.2.7 und (3.20) des letzten Kapitels.*

Im Lichte von Satz 4.1.1 erkennt man nun

Proposition 4.1.2. *(Form und Skalarprodukt)*
Seien ein n-dimensionaler $\mathbb{K}$-Vektorraum V und s eine symmetrische Bilinearform (bzw. hermitesche Form) auf V gegeben.
Dann ist s genau dann ein Skalarprodukt, wenn die darstellende Matrix $\mathcal{S}_\mathcal{B}$ bzgl. einer gegeben Basis $\mathcal{B}$ auf V positiv definit ist.

Haben wir ein Skalarprodukt und dessen Darstellung auf einem $\mathbb{K}$-Vektorraum V gegeben, so ist es möglich, diesen euklidischen Vektorraum in zueinander orthogonale Unterräume aufzuteilen.

Letzteres findet sich z. B. in der Physik wieder, wo die Anteile des elektrischen Feldvektors $\vec{E}$ einer elektromagnetischen Welle nach ihren Beiträgen parallel ($\vec{E}_{||}$) und orthogonal ($\vec{E}_\perp$) zur Ausbreitungsrichtung der Welle eingeteilt werden können.

Was man unter der **Orthogonalität** von Vektoren versteht, wurde in [SM02] definiert. Wir werden diesen Begriff mit Hilfe des Skalarprodukts jetzt auf Teilmengen bzw. Unterräume erweitern.

Definition 4.1.4. *(orthogonale Mengen)*
Es seien V ein euklidischer (unitärer) $\mathbb{K}$-Vektorraum und $M, N \subset V$. Die Mengen M und N sind **orthogonal** *zueinander (in Zeichen $M \perp N$), wenn gilt*

$$\langle \vec{x}, \vec{y} \rangle = 0, \quad \text{für alle } \vec{x} \in M \text{ und } \vec{y} \in N$$

Geometrisch kann man die Orthogonalität so deuten, dass alle Vektoren der Menge M zu jedem Vektor aus N senkrecht stehen.

Im $V = \mathbb{R}^3$ wäre z. B. M eine Ebene und N eine Gerade, welche durch den Ursprung verläuft und senkrecht auf der Ebene steht.

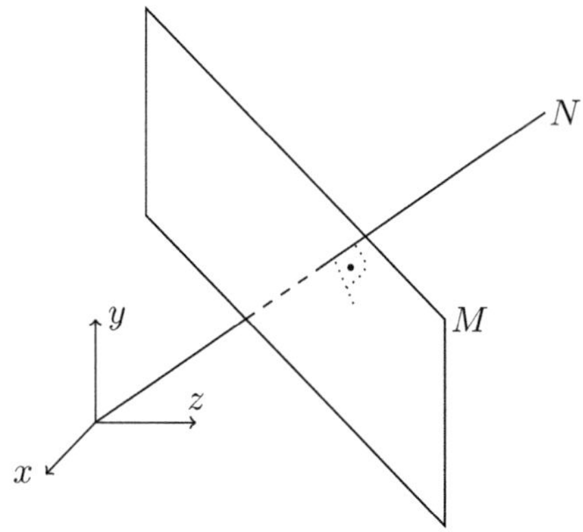

Abbildung 4.1: Orthogonale Unterräume des $\mathbb{R}^3$

Eine einfache Beobachtung zeigt übrigens, dass die leere Menge als pathologischer Fall auf allen anderen Teilmengen senkrecht steht.

Proposition 4.1.3.
Es seien V ein euklidischer (unitärer) $\mathbb{K}$-Vektorraum und $M, N \subset V$. Dann gilt

$$M \perp N \;\Leftrightarrow\; \operatorname{span}(M) \perp \operatorname{span}(N)$$

In [SM02] wurde zudem gezeigt, dass man zu einem Unterraum $U \subset V$ einen (nicht eindeutigen) Unterraum U_1 finden kann mit $U \oplus U_1 = V$.

Was verändert sich jetzt bei euklidischen Vektorräumen? Um dies zu untersuchen, werden wir zuerst eine wichtige Definition einführen.

Definition 4.1.5. *(orthogonales Komplement)*
Es seien V ein euklidischer (unitärer) $\mathbb{K}$-Vektorraum und $M \subset V$. Dann heißt

$$M^{\perp} = \{\vec{x}; \vec{x} \perp M\}$$

das zu M **orthogonale Komplement**.

Das orthogonale Komplement zu einer Teilmenge eines $\mathbb{K}$-Vektorraums zu finden, ist eine formale Aufgabe, zu deren Lösung aber die folgende Proposition beiträgt.

Proposition 4.1.4.
Es seien V ein euklidischer (unitärer) $\mathbb{K}$-Vektorraum und $M \subset V$. Dann ist $M^{\perp}$ ein linearer Unterraum von V und $M^{\perp} = (\operatorname{span}(M))^{\perp}$.

Als eine vollkommen natürliche Frage stellt sich sofort:

> Wenn man zu einem linearen Unterraum U das orthogonale Komplement $U^{\perp}$ bildet, gilt dann auch $(U^{\perp})^{\perp} = U$?

Leider ist diese Frage, wie so oft in Mathematik, im Allgemeinen nicht positiv zu beantworten. Ein Gegenbeispiel gilt es, in den Übungen der Klasse D zu diesem Kapitel zu erarbeiten.
Für endlich dimensionale Vektorräume kann man aber durchaus eine positive Antwort erhalten. Hierfür führen wir noch als Begriff die „orthogonale Projektion" eines Vektors ein.

Definition 4.1.6. *(orthogonale Projektion)*
Es seien V ein euklidischer (unitärer) $\mathbb{K}$-Vektorraum, $U \subset V$ ein Unterraum und $\vec{x} \in V$ ein beliebiger Vektor. Ein Vektor $\vec{u} \in U$ nennt man **orthogonale Projektion** *von $\vec{x}$ auf U, wenn sich $\vec{x} = \vec{u} + \vec{v}$ mit $\vec{v} \perp U$ schreiben lässt.*

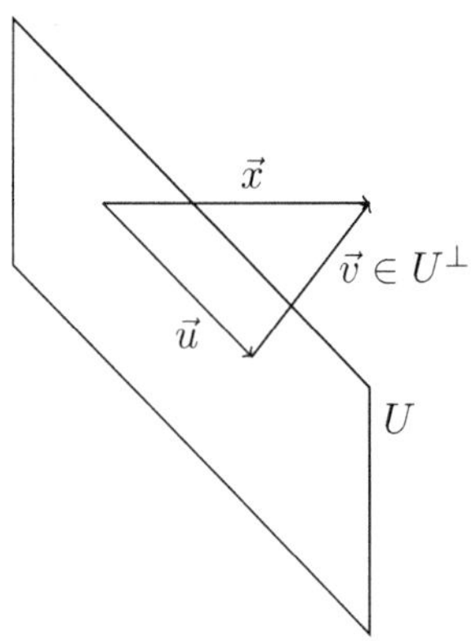

Abbildung 4.2: Orthogonale Projektion

Bemerkung 4.1.3.

1. *Wenn die orthogonale Projektion eines Vektors* $\vec{x}$ *existiert, so ist sie eindeutig, denn:*
   Ist $\vec{x} = \vec{u}_1 + \vec{v}_1 = \vec{u}_2 + \vec{v}_2$ *mit* $\vec{u}_1 \vec{u}_2 \in U$ *und* $\vec{v}_1 \perp U, \vec{v}_2 \perp U$. *so folgt:* $\vec{0} = (\vec{u}_1 - \vec{u}_2) + (\vec{v}_1 - \vec{v}_2)$, *also* $\vec{u}_1 - \vec{u}_1 = \vec{v}_2 - \vec{v}_1$ *und damit* $\vec{v}_2 - \vec{v}_1 \in U$. *Da* $\vec{v}_1 \perp U, \vec{v}_2 \perp U$ *gilt auch* $(\vec{v}_2 - \vec{v}_1) \perp U$ *und weil* $\vec{v}_2 - \vec{v}_1 \in U$ *muss* $(\vec{v}_2 - \vec{v}_1) = \vec{0}$ *sein. Somit* $\vec{v}_2 = \vec{v}_1$ *und damit auch* $\vec{u}_1 = \vec{u}_2$ *und die Eindeutigkeit ist gezeigt.*

2. *Es gibt durchaus euklidische Vektorräume* V, *Unterräume* $U \subset V$ *und Vektoren* $\vec{x} \in V$, *die keine orthogonale Projektion besitzen. Eines dieser Beispiel ist in den Übungen zu diesem Kapitel zu finden. Allerdings handelt es sich bei diesem Beispiel um einen unendlich dimensionalen Unterraum* U, *was nur ein weiteres Beispiel für die Probleme ist, die entgegen unserem mathematischen Alltagsverständnis im Unendlichen auftreten können.*

Für endlich dimensionale Unterräume kann man immer eine orthogonale Projektion bezüglich einer ONB finden, was das Arbeiten in kartesischen Koordinaten mitbegründet und der folgende Satz zusammenfasst.

Satz 4.1.2. *(orthogonale Projektion bzgl. einer* ONB*)*
Es seien V *ein euklidischer (unitärer)* $\mathbb{K}$*-Vektorraum und* $U \subset V$ *ein endlich dimensionaler Unterraum. Dann existiert zu jedem* $\vec{x} \in V$ *eine orthogonale Projektion* $\vec{x}_U \in U$. *Ist* $\mathcal{B} = \{\vec{u}_1, \dots, \vec{u}_n\}$ *eine* ONB *von* U, *so gilt*

$$\vec{x}_U = \sum_{i=1}^{n} \langle \vec{x}, \vec{u}_i \rangle \cdot \vec{u}_i \tag{4.2}$$

Wie lässt sich jetzt für einen Vektor $\vec{x}$ und einen Unterraum U die orthogonale Projektion bestimmen?

Um eine Antwort zu formulieren, gehen wir zuerst anschaulich z. B. im $\mathbb{R}^3$ vor. Ist U der Unterraum eine Ebene und $\vec{x}$ der Vektor, so verschiebt man den Fußpunkt von $\vec{x}$ auf U und fällt das Lot von der Spitze von $\vec{x}$ auf U. Die entstandene Verbindungsstrecke des Lotschnittpunkts mit U und dem Fußpunkt von $\vec{x}$ bestimmt dann die orthogonale Projektion in U (siehe Abbildung 4.2). Wegen der Eigenschaft des Lots ist die gefundene Verbindungsstrecke minimal.

Möchte man die Antwort allgemeiner und damit formal ausdrücken, geht man wie folgt vor. Wie wir aus [SM02] wissen, kann man als Abstandsbegriff eine Norm $\|\cdot\|$ durch ein Skalarprodukt auf V einführen. Diese Norm ermöglicht es, die Minimaleigenschaft des gesuchten Vektors $\vec{u}$ zu formulieren.

Proposition 4.1.5.
Es seien V ein euklidischer (unitärer) $\mathbb{K}$-Vektorraum und $U \subset V$ ein beliebiger Unterraum. Für Vektoren $\vec{x} \in V$ und $\vec{u} \in U$ sind folgende Aussagen äquivalent:

1. *$\vec{u} \in U$ ist die orthogonale Projektion von $\vec{x}$ auf U.*
2. $\forall\, \vec{v} \in U: \ \|\vec{x} - \vec{u}\| \leq \|\vec{x} - \vec{v}\|$.

Man kann also sagen, findet man keine beste Approximation aus U an den Vektor $\vec{x}$, so besitzt $\vec{x}$ auch keine orthogonale Projektion auf U.

Damit sind wir jetzt bereit, unsere Frage, ob $(U^{\perp})^{\perp} = U$ gilt, für endlich dimensionale Unterräume eines $\mathbb{K}$-Vektorraums zu beantworten.

Satz 4.1.3.
Es seien V ein euklidischer (unitärer) Vektorraum und $U \subset V$ ein endlich dimensionaler Unterraum. Dann gilt:

1. $(U^{\perp})^{\perp} = U$
2. $U \oplus U^{\perp} = V$.
3. *Hat V ebenfalls endliche Dimension, so folgt*

$$\dim(U) + \dim(U^{\perp}) = \dim(V)$$

Wir haben mit den vorangegangenen Definitionen, Sätzen etc. zu euklidischen (unitären) Vektorräumen V unsere Betrachtungen immer allgemein gehalten – wo es möglich war und vor allem ohne Einschränkungen bzgl. der Dimensionalität von V. Mit dem nächsten Abschnitt werden wir uns mehr auf den endlich dimensionalen Fall fokussieren und weitere Strukturen zu V untersuchen, oder solche, welche durch die endliche Dimension induziert werden.

4.1.1 Kurzaufgaben zum Verständnis

1. Ist $\mathcal{A}$ eine $(n \times n)$-Matrix, dann gilt: Durch $s(\vec{x}, \vec{y}) = \vec{x}^T \cdot \mathcal{A} \cdot \vec{y}$ wird auf $\mathbb{K}^n$ eine Bilinearform definiert.

   □ wahr □ falsch

2. Ist $\mathcal{A} \in M(n \times n, \mathbb{C})$ mit $\det(\mathcal{A}) \neq 0$, so wird durch $s(\vec{x}, \vec{y}) = \vec{x}^T \cdot \mathcal{A} \cdot \vec{y}$ auf $\mathbb{C}^n$ eine positiv definite Sesquilinearform induziert.

   □ wahr □ falsch

3. Ist $\mathcal{A} \in M(n \times n, \mathbb{C})$ mit $\det(\mathcal{A}) \neq 0$, so wird durch $s(\vec{x}, \vec{y}) = \vec{x}^T \cdot \mathcal{A} \cdot \vec{y}$ auf $\mathbb{C}^n$ eine positiv definite hermitesche Form induziert.

   □ wahr □ falsch

4. Ist $\mathcal{B} \in M(n \times n, \mathbb{K})$ $(\mathbb{K} = \mathbb{C})$ eine hermitesche Matrix, so bildet

   $$V \times V \to \mathbb{C}\,, \; (\vec{v}, \vec{w}) \mapsto \vec{v} \cdot \mathcal{B} \cdot \vec{w}$$

   für $n = 2$ eine weitere hermitesche Form auf $V = \mathbb{C}^2$.

   □ wahr □ falsch

5. Man kann zu allen $\mathcal{A} \in \mathrm{GL}(n)$ ein Skalarprodukt $\langle \cdot, \cdot \rangle$ auf $\mathbb{K}^n$ gemäß $\langle \vec{x}, \vec{y} \rangle = \vec{x}^T \cdot \mathcal{A} \cdot \vec{y}$ auf $\mathbb{K}^n$ bilden.

   □ wahr □ falsch

6. Sind V ein endlich dimensionaler euklidischer $\mathbb{K}$-Vektorraum und $U \subset V$ ein Unterraum, so gilt immer $\dim(U) + \dim(U^\perp) = \dim(V)$.

   □ wahr □ falsch

7. Seien V ein euklidischer $\mathbb{K}$-Vektorraum und $U \subset V$ ein Unterraum. Damit $U \oplus U^\perp = V$ gilt, muss noch gelten

   □ $\dim(V) < \infty$ □ $\dim(U) < \infty$ □ gilt immer.

4.1.2 Übungen

Lösungsvideos zu den Übungen können auf www.lsgn24h.de über die Eingabe des Lösungscodes abgerufen werden.

Kl A:

1. Es sei s eine symmetrische Bilinearform auf einem $\mathbb{R}$-Vektorraum der Dimension n. Mit Hilfe einer Basis $\mathcal{B}$ und der darstellenden Matrix $\mathcal{S}_{\mathcal{B}}$ von s geben Sie eine allgemeine Darstellung von $s(\vec{v}, \vec{w})$ für $\vec{v}, \vec{w} \in V$ an.

   (Lösungscode: SB03LE0A001)

2. Es seien V ein euklidischer $\mathbb{K}$-Vektorraum und $\vec{v} \in V$. Formulieren Sie eine anschauliche Deutung aller $\vec{x} \in V$ mit

$$(\vec{v} - \vec{x}) \perp (\vec{v} + \vec{x})$$

   (Lösungscode: SB03LE0A002)

3. Gegeben ist die folgende Zweiform $s(.,.)$ für Vektoren $\vec{x}, \vec{y} \in \mathbb{R}^3$, mit $\vec{x} = (x_1, x_2, x_3)^T$ und $\vec{y} = (y_1, y_2, y_3)^T$ durch

$$s(\vec{x}, \vec{y}) = x_1 y_2 + x_3 y_1 + x_2 y_3$$

   (a) Überprüfen Sie, ob $s(.,.)$ bilinear ist.

   (Lösungscode: SB03LE0A003)

   (b) Ist $s(.,.)$ symmetrisch?

   (Lösungscode: SB03LE0A004)

   (c) ist $s(.,.)$ positiv definit?

   (Lösungscode: SB03LE0A005)

   (d) Berechnen Sie die Matrix $s_{\mathcal{B}}$, falls $\mathcal{B}$ die kanonische Basis des $\mathbb{R}^3$ ist.

   (Lösungscode: SB03LE0A006)

   (e) Berechnen Sie die Matrix $s_{\mathcal{C}}$, für die folgende Basis des $\mathbb{R}^3$

$$\mathcal{C} = \left\{(1,1,1)^T, (2,0,1)^T, (0,-1,1)^T\right\}$$

   (Lösungscode: SB03LE0A007)

Kl B:

1. Betrachten Sie den unitären $\mathbb{C}$-Vektorraum $\mathbb{C}^4$ mit dem Skalarprodukt

$$\langle \vec{x}, \vec{y} \rangle = \sum_{j=1}^{4} x_j \bar{y}_j$$

mit $\vec{x} = (x_1, x_2, x_3, x_4)^T, \vec{y} = (y_1, y_2, y_3, y_4)^T$ und $\bar{y}$ bezeichne die konjugiert komplexe Zahl.
Seien $\vec{a}_1 = (-1, i, 0, 1)^T$, $\vec{a}_2 = (i, 0, 2, 1)^T$ und $U = \text{span}\{\vec{a}_1, \vec{a}_2\}$. Bestimmen Sie eine ONB von $U^\perp$.

(Lösungscode: SB03LE0B001)

2. Ist $\{\vec{v}_1, \ldots, \vec{v}_n\}$ eine Basis eines n-dimensionalen euklidischen $\mathbb{K}$-Vektorraums V, so ist die Matrix

$$\mathcal{M} = (\langle \vec{v}_i, \vec{v}_j \rangle)_{n,n}$$

regulär.

(Lösungscode: SB03LE0B002)

3. Gegeben sei der euklidische Raum $V = \mathbb{R}^3$ mit der kanonischen Basis $\{\vec{e}_1, \vec{e}_2, \vec{e}_3\}$. Weiter seien

$$U = \{\vec{x}; \vec{x} = \alpha \cdot (-1, 1, 2)^T + \beta \cdot (1, 1, 4)^T \ \wedge \ \alpha, \beta \in \mathbb{R}\}$$

$\vec{a} = (1, 2, 3)^T$ und $H = \{\vec{y}; \vec{y} = \vec{a} + \vec{x} \wedge \vec{x} \in U\}$.

(a) Bestimmen Sie $U^\perp$

(Lösungscode: SB03LE0B003)

(b) Bestimmen Sie $\vec{u} \in U$ und $\vec{h} \in U^\perp$, sodass $\vec{a} = \vec{u} + \vec{h}$.

(Lösungscode: SB03LE0B004)

(c) Es seien $\vec{e} = \frac{1}{\|\vec{h}\|}\vec{h} \in U^\perp$ und ω_i die Winkel zwischen $\vec{e}_i$ und $\vec{e}$, $(i = 1, 2, 3)$. Bestimmen Sie $\|\vec{h}\|$ und $\cos(\omega_i)$.

(Lösungscode: SB03LE0B005)

Kl C:

1. Beweisen Sie Proposition 4.3.1

   (Lösungscode: SB03LE0C001)

2. Beweisen Sie Proposition 4.3.3

   (Lösungscode: SB03LE0C002)

3. In einem reellen Vektorraum seien mit s_1 und s_2 zwei Skalarprodukte gegeben. Dabei stimmen alle Winkel, die durch s_1 und s_2 definiert werden, überein.

   Zeigen Sie: $s_1 = \gamma s_2$ mit $\gamma \in \mathbb{R},\ \gamma > 0$.

   (Lösungscode: SB03LE0C003)

4. Es seien V ein euklidischer $\mathbb{K}$-Vektorraum, $\vec{e} \in V$ ein Einheitsvektor. Weiter sei $\vec{e}^{\perp} = \{\vec{v} \in V; \vec{e} \perp \vec{v}\}$.

   Zeigen Sie: Für alle $\vec{x} \in V$:

   $$|\langle \vec{x}, \vec{e} \rangle| = \min\{\|\vec{x} - \vec{u}\|; \vec{u} \in \vec{e}^{\perp}\}$$

   (Lösungscode: SB03LE0C004)

5. Beweisen Sie Satz 4.1.1

   (Lösungscode: SB03LE0C005)

Kl D:

1. Beweisen Sie die Cauchy-Schwarzsche Ungleichung in einem euklidischen Vektorraum V allein mit der Tatsache, dass für die vom Skalarprodukt induzierte Norm gilt

   $$\|\vec{x} + \lambda\vec{y}\| \geq 0, \text{ für alle } \lambda \in \mathbb{R}, \vec{x}, \vec{y} \in V$$

   (Lösungscode: SB03LE0D001)

2. Wir erinnern an die Menge der reellen quadratisch summierbaren Folgen

$$V = \ell_2 = \left\{ (x_n)_{n\in\mathbb{N}};\ \sum_{n=1}^{\infty} x_n^2 < \infty \right\}$$

aus [SM02]. Zusammen mit

$$\langle \vec{a}, \vec{b} \rangle = \sum_{n=1}^{\infty} a_n b_n\ ,\ \vec{a} = (a_n)_{n\in\mathbb{N}},\ \vec{b} = (b_n)_{n\in\mathbb{N}} \in \ell_2$$

wurde V zu einem euklidischen Raum.

(a) Es sei

$$c_{00} = \{(x_n)_{n\in\mathbb{N}};\ x_n \in \mathbb{R}, x_n \neq 0 \text{ für endliche viele } n \in \mathbb{N}\}$$

Zeigen Sie, dass $c_{00} \subset \ell_2$ ein Untervektorraum von V ist und $\mathcal{B} = \{\vec{e}_1, \vec{e}_2, \ldots\}$ eine ONB, mit $\vec{e}_j = (0, \ldots, 0, 1, 0, \ldots)$, wobei die 1 die j-te Komponente von $\vec{e}_j$ besetzt.

(Lösungscode: SB03LE0D002)

(b) Zeigen Sie: Ist $\vec{x} \in \ell_2$, $\langle \vec{x}, \vec{x} \rangle = \|\vec{x}\|_2^2 = a > 0$, so gibt es ein $\vec{y} \in c_{00}$ mit $\|\vec{x} - \vec{y}\|_2 < \frac{1}{2a}$.

(Lösungscode: SB03LE0D003)

(c) Zeigen Sie:

$$\forall\ \vec{x} \in V \setminus \{\vec{0}\}\ \ \exists\ \vec{y} \in c_{00} :\ \langle \vec{x}, \vec{y} \rangle \neq 0$$

(Lösungscode: SB03LE0D004)

(d) Zeigen Sie:

$$c_{00}^{\perp} = \{\vec{0}\} \text{ und } (c_{00}^{\perp})^{\perp} = V$$

(Lösungscode: SB03LE0D005)

(e) Jede ONB von c_{00} lässt sich nicht zu einer ONB von V erweitern.

(Lösungscode: SB03LE0D006)

(f) Elemente in c_{00} sind die einzigen Folgen, die eine Projektion in c_{00} besitzen.

(Lösungscode: SB03LE0D007)

4.2 Duale Vektorräume und duale Abbildungen

Duale Vektorräume (auch „Dualräume" genannt) und duale Abbildungen sind die Grundlage für viele Anwendungen der Mathematik und Physik. So finden sich duale Abbildungen in der Integrationstheorie ebenso wieder, wie in Operationen auf sogenannten Tagentialräumen einer Mannigfaltigkeit. Gerade Letzteres macht die mathematische Formulierung der allgemeinen Relativitätstheorie Einsteins erst möglich. Aber auch in der Beschreibung quantenmechanischer Systeme und Effekte mit sogenannten „Bra"- und „Ket"-Vektoren oder auch in der Beschreibung der Deformation von Körpern wird auf Elemente von Vektorräumen und deren Dualräumen zurückgegriffen.

Das verbindende Element zwischen Vektorräumen und dualen Vektorräumen wird dabei das Skalarprodukt sein, auch wenn sich duale Vektorräume selber erst einmal unabhängig von einem Skalarprodukt formulieren lassen.

Zu jedem $\mathbb{K}$-Vektoraum V gibt es eine spezielle Klasse von linearen Abbildungen, nämlich diejenigen, deren Wertebereich durch $\mathbb{K}$ selber gegeben ist, denn $\mathbb{K}$ ist ein Vektorraum über $\mathbb{K}$. So definiert man diese Klasse wie folgt

Definition 4.2.1. *(Dualraum)*
Sei V ein $\mathbb{K}$-Vektoraum. Die folgende Menge linearer Abbildungen von V nach $\mathbb{K}$

$$V^* = \mathrm{Hom}(V, \mathbb{K})$$

wird der zu V duale Vektorraum oder der **Dualraum** *zu V genannt.*

Wie oben bereits erwähnt und auch in [SM02] nachzulesen, ist mit V^* erneut ein $\mathbb{K}$-Vektorraum festgelegt.[2]

> Kennt man die Eigenschaften und Besonderheiten von V, was kann man dann über V^* aussagen?

Hier ist ein erster Schritt:

[2]Um die Elemente (lineare Abbildungen) eines Dualraums von denen des zugrundeliegenden Vektorraums V besser unterscheiden zu können, werden wir bis auf Weiteres nur die Elemente V mit Vektorpfeilen versehen.

Satz und Definition 4.2.1. *(duale Abbildungen und duale Basis)*
Es seien V ein $\mathbb{K}$-Vektorraum mit Basis $\mathcal{B} = \{\vec{v}_i,\ i \in I\}$ und I eine beliebige Indexmenge. Dann gibt es eindeutige lineare Abbildungen $v_i^* \in V^*$ $(i \in I)$ mit

$$v_i^*(\vec{v}_j) = \begin{cases} 1 & \text{falls } i = j \\ 0 & \text{sonst} \end{cases} \tag{4.3}$$

Für einen endlich dimensionalen $\mathbb{K}$-Vektorraum, d. h. wenn $I \in \{1, \ldots, n\}$ für $n \in \mathbb{N}$, bilden die Abbildungen $\mathcal{B}^* = \{v_1^*, \ldots, v_n^*\}$ eine Basis des V^*, welche man die zur Basis $\mathcal{B}$ **duale Basis** *nennt.*

Beweis.
Ist $\mathcal{B}$ eine Basis des $\mathbb{K}$-Vektorraums V, so legt die Definition von $\mathcal{B}$ eine linearen Abbildung von V auf $\mathbb{K}$ eindeutig fest (siehe [SM02]).

Damit sind die Abbildungen $v_i^* \in V^*$ wohldefiniert und eindeutig für $i \in I$ (I beliebig).

Bleibt für den Fall $I \in \{1, \ldots, n\}$, $n \in \mathbb{N}$, nur noch zu zeigen, dass zu einer Basis $\mathcal{B} = \{\vec{v}_1, \ldots, \vec{v}_n\}$ von V die $\mathcal{B}^*$ eine Basis von V^* ist.

Dazu zeigen wir zunächst, dass $\mathcal{B}^*$ ein Erzeugendensystem ist.
Sei also $\varphi \in V^*$. Dann definieren wir für $j = 1, \ldots, n$

$$\lambda_j = \varphi(\vec{v}_j) \in \mathbb{K}$$

also die Bilder der Basisvektoren aus $\mathcal{B}$ unter φ. Nun setzen wir

$$\psi = \lambda_1 v_1^* + \ldots + \lambda_n v_n^* \in \mathcal{B}^*$$

und behaupten, dass $\varphi(\vec{v}\,) = \psi(\vec{v}\,)$ gilt, für einen Vektor

$$\vec{v} = \alpha_1 \vec{v}_1 + \ldots + \alpha_n \vec{v}_n \in V$$

Aus der Linearität von φ und ψ können wir wegen (4.3) folgern:

$$\varphi(\vec{v}\,) = \sum_{j=1}^{n} \alpha_j \varphi(\vec{v}_j) = \sum_{j=1}^{n} \alpha_j \lambda_j \quad \text{und} \quad \psi(\vec{v}_j) = \sum_{i=1}^{n} \lambda_i v_i^*(\vec{v}_j) = \lambda_j$$

Setzen wir die Ergebnisse in einander ein, erhalten wir

$$\varphi(\vec{v}\,) = \sum_{j=1}^{n} \alpha_j \lambda_j = \sum_{j=1}^{n} \alpha_j \psi(\vec{v}_j) = \psi\left(\sum_{j=1}^{n} \alpha_j \vec{v}_j\right) = \psi(\vec{v}\,)$$

was bedeutet, dass $\mathcal{B}^*$ ein Erzeugendensystem von V^* ist.

Zeigen wir nun noch, dass die Menge $\mathcal{B}^*$ auch linear unabhängig ist, so muss es sich bei $\mathcal{B}^*$ um eine Basis des V^* handeln:

Wählen wir für die Bestimmungsgleichung der linearen Unabhängigkeit eine Linearkombination der Vektoren aus $\mathcal{B}^*$ gleich der Nullabbildung

$$0 = \sum_{j=1}^{n} \alpha_j v_j^*$$

Angewandt auf ein Element der Basis $\mathcal{B}$ ergibt sich nach (4.3):

$$0 = \left(\sum_{j=1}^{n} \alpha_j v_j^* \right) (\vec{v}_i) = \sum_{j=1}^{n} \alpha_j v_j^*(\vec{v}_i) = \alpha_i$$

für $i = 1, \ldots, n$. Damit ist $\mathcal{B}^*$ linear unabhängig und somit eine Basis. □

Mit Satz 4.2.1 ist damit festgelegt, dass es zu einem endlich dimensionalen $\mathbb{K}$-Vektorraum V mit Basis $\mathcal{B}$ immer einen Dualraum mit einer dualen Basis $\mathcal{B}^*$ geben muss.

Aus Satz 4.2.1 kann man aber noch weitere Eigenschaften des Dualraums folgern.

Satz 4.2.2.
Sei V ein endlich dimensionaler $\mathbb{K}$-Vektorraum. Dann gibt es zu jedem $\vec{v} \in V \setminus \{\vec{0}\}$ ein $\varphi \in V^*$ mit

$$\varphi(\vec{v}) \neq 0 \tag{4.4}$$

Beweis.
Ist $\mathcal{B} = \{\vec{v}_1, \ldots, \vec{v}_n\}$ eine Basis von V, so hat man für $\vec{v} \in V \setminus \{\vec{0}\}$ die eindeutige Darstellung $\vec{v} = \alpha_1 \vec{v}_1 + \ldots + \alpha_n \vec{v}_n$ und mindestens ein $\alpha_j \neq 0$, da $v \neq \vec{0}$ ist.
Aber dann wähle man $\varphi = v_j^*$ und es ist nach der Definition in Satz 4.2.1 $\varphi(\vec{v}) = \alpha_j \neq 0$. □

Bemerkungen 4.2.1.

1. *Die Aussage (4.4) gilt auch für unendlich dimensionale Vektorräume, während die gesamte Aussage im Satz 4.4 nur für endlich dimensionale richtig ist.*

2. *Ist nun $\vec{v} \in V$, $\vec{v} \neq \vec{0}$, so kann man bekanntlich zu einer Basis $\mathcal{B}_1$ erweitern (siehe [SM02]).*
   Die Definition der v_j^* wird damit u.U. zu gänzlich anderen Abbildungen führen, da die Definition der dualen Basis von der Erweiterung von $\vec{v}$ zu einer Basis $\mathcal{B}_1$ abhängt und die Erweiterung nicht eindeutig ist.

Mit der in Bemerkung 4.2.1 *2.* beschriebenen Methode kann man auch zu einem Dualraum V^* erneut einen Dualraum $(V^*)^*$ bilden.
Allein aus der Definition des Dualraums kann man ersehen, dass jedes $\vec{v} \in V$ eine Linearform auf V^* induziert, nämlich die Abbildung

$$\vec{v}_{\vec{v}}^{**} : V^* \longrightarrow \mathbb{K}\,,\; v^* \longmapsto \vec{v}_{\vec{v}}^{**}(v^*) = v^*(\vec{v}) \tag{4.5}$$

Hier noch ein Hinweis. Was beim ersten Kontakt mit der Abbildung (4.5) oft etwas gewöhnungsbedürftig ist, ist der Umstand, dass durch sie das Argument der linearen Abbildung v^* selber zur Abbildung wird, indem man es in v^* einsetzt.

Damit stellt sich aber die Frage, wie der ursprüngliche Vektorraum V grundsätzlich zum Raum der Linearformen auf V^* steht.
Hier ist eine Antwort:

Satz und Definition 4.2.3. *(Bidual und kanonische Abbildung)*
Seien V ein $\mathbb{K}$-Vektorraum mit seinem Dualraum V^*.
Dann existiert das sogenannte **Bidual** $V^{**} = (V^*)^*$ *als Dualraum von V^* mit der* **kanonischen Abbildung**

$$\iota : V \longrightarrow V^{**},\; \vec{v} \longmapsto \vec{v}_{\vec{v}}^{**} \tag{4.6}$$

Bemerkungen 4.2.2.

1. *Die Abbildung ι ist im Allgemeinen ein Monomorphismus und im Fall* $\dim(V) < \infty$ *sogar ein Isomorphismus, was noch zu zeigen ist.*

2. *Im Fall* $\dim(V) < \infty$ *folgt dann* $\dim(V) = \dim(V^*) = \dim(V^{**})$.

3. *Da ι für* $\dim(V) < \infty$ *ein Isomorphismus ist, identifiziert man im endlich dimensionalen Fall V mit V^{**}.*

Beweis. (ι ist ein Isomorphismus)
Das V^* ein $\mathbb{K}$-Vektorraum ist, ist auch V^{**} als Dualraum von V^* erneut ein $\mathbb{K}$-Vektorraum.
Die Linearität der Abbildung ι ist, nach der Definition und der Anwendung eines Dualelements, durch einfaches Nachrechnen zu verifieren. Es bleibt noch dic Injektivität:

Sei $\iota(\vec{v}\,) = \vec{0}$. Dann gilt nach der Definition von ι (4.6): $\vec{v}^{\,**}_{\vec{v}} = \vec{0}$ und ist damit die Nullabbildung auf V^*. Hieraus folgt $\vec{v}^*(\vec{v}\,) = 0$ für alle $\vec{v}^* \in V^*$. Also muss selbst schon $\vec{v} = \vec{0}$ gelten und ι ist injektiv bzw. ein Monomorphismus.
Wir wissen, dass im endlich dimensionalen Fall $\dim(V^*) = \dim(V)$ gilt. Damit ist V^* endlich dimensional und erneut folgt

$$\dim(V^{**}) = \dim(V^*) = \dim(V)$$

Also ist ι auch bijektiv und damit ein Isomorphismus. □

Bemerkung 4.2.3.
Der Satz 4.2.3 und die Bemerkungen 4.2.2 weisen darauf hin, dass sich die Situationen bzgl. des Dualraums zwischen einem endlich und einem unendlich dimensionalen $\mathbb{K}$*-Vektorraum* V *unterscheiden.*
In der Tat ist im letzteren Fall der Dualraum wesentlich größer: Die Kardinalität (siehe [SM01]), d. h. die Mächtigkeit des Dualraums V^* *ist um eine Kardinalzahl erhöht.*
Dies gilt dann auch für das Bidual V^{**} *im Zusammenhang mit dem Dualraum* V^**. Damit kann man allgemein keinen Isomorphismus finden (siehe [SM02]).*
Wer hier mehr wissen möchte, dem sei [Kow] empfohlen.

Kehren wir noch einmal zu den Unterräumen von V zurück. Man kann für einen Untervektorraum $W \subset V$ mit Hilfe der Elemente des Dualraums den zu W *orthogonalen* Unterraum in V^* definieren.

Definition 4.2.2. *(orthogonaler Unterraum in* V^**)*
Seien V *ein* $\mathbb{K}$*-Vektorraum und* $W \subset V$ *ein Unterraum. Dann nennt man*

$$W^{\perp} = \{v^* \in V^*;\ v^*(\vec{w}\,) = 0,\ \text{für alle } \vec{w} \in W\} \subset V^*$$

den zu W **orthogonalen Unterraum** *in* V^**.*

Viele Anwendungen des Dualraums zu einem gegebenen $\mathbb{K}$-Vektorraum V sind vor allem für $V = \mathbb{K}^n$ gegeben. Der Vorteil des $\mathbb{K}^n$ besteht darin, dass man die Linearformen auf V in einfacherweise durch das kanonische Skalarprodukt erklären kann, womit die Namensgebung *orthogonaler Raum* auch ihre Berechtigung bekommt.

In Band 2 ([SM02]) hatten wir zwar die direkte Summe von Unterräumen eingeführt, aber da $W \subset V$ und $W^\perp \subset V^*$ jetzt vorgegeben ist, lässt sie sich nicht unbedingt anwenden.

> Wie stehen nun aber im endlich dimensionalen Fall die Räume W und $W^\perp$ zueinander?

Zuerst sieht man, dass man zu einer Basis $\mathcal{W} = \{w_1, \ldots, w_k\}$ von W die duale Basis $\mathcal{W}^*$ nach Satz 4.2.1 finden kann. Damit lässt sich für endlich dimensionale Vektorräume V folgende gerade für die Theorie der Matrizen wie für die Behandlung von linearen Gleichungssystemen nützliche Aussage formulieren (siehe auch [SM02]).

Satz 4.2.4.
Es seien V ein endlich dimensionaler $\mathbb{K}$-Vektorraum und $W \subset V$ ein linearer Unterraum. Sind $\mathcal{W} = \{\vec{w}_1, \ldots, \vec{w}_k\}$ eine Basis von W und ist $\{\vec{w}_1, \ldots, \vec{w}_k, \vec{v}_1, \ldots, \vec{v}_s\}$ eine für V ergänzte Basis, so bildet $\{v_1^*, \ldots, v_l^*\}$ eine Basis von $W^\perp \subset V^*$.
Insbesondere ist dann $W^c = \mathrm{span}(\mathcal{W}^*)$ ein Komplementärraum von $W^\perp$,

$$W^c \oplus W^\perp = V^* \tag{4.7}$$

und es folgt

$$\dim(W) + \dim(W^\perp) = \dim(V) \tag{4.8}$$

Der Beweis zu Satz 4.2.4 ist Teil der Übungen zu diesem Kapitel.

Wir können damit abschließend formulieren, dass für endlich dimensionale Vektorräume $V = V^{**}$ gilt, was sich auch auf die Bildung orthogonaler Unterräume von V^* überträgt.

Proposition 4.2.1.
Für einen endlich dimensionalen $\mathbb{K}$-Vektorraum V und einen linearen Unterraum W gilt

$$(W^\perp)^\perp = W.$$

Beweis.
Zu $\vec{w} \in W$ und $w^* \in W^\perp \subset V^*$ gilt, indem man $\vec{w}$ als Element von V^{**} identifiziert ($\vec{w}(v^*) = v^*(\vec{w})$ für alle $v^* \in V^*$) nach Definition von $W^\perp$

$$\vec{w}(w^*) = w^*(\vec{w}) = 0$$

Damit gilt $W \subset (W^\perp)^\perp$. Da nun $\dim(V) = \dim(V^*)$ gilt, folgt mit Satz 4.2.4 (einmal angewendet auf W und dann auf $W^\perp$)

$$\dim(W) + \dim(W^\perp) = \dim(V) = \dim(V^*) = \dim(W^\perp) + \dim((W^\perp)^\perp)$$

$$\Rightarrow \dim(W) = \dim\left((W^\perp)^\perp\right)$$

Da $W \subset (W^\perp)^\perp$ folgt die Behauptung. □

Haben wir bis jetzt lineare Abbildungen von einem $\mathbb{K}$-Vektorraum V nach $\mathbb{K}$ betrachtet und den Dualraum formuliert, so werden wir im nächsten Schritt das Konzept der Dualität allgemein auf lineare Abbildungen zwischen $\mathbb{K}$-Vektorräumen übertragen.

Betrachtet man eine lineare Abbildung $T : V \longrightarrow W$ zwischen zwei $\mathbb{K}$-Vektorräumen V, W, so kann man in kanonischer Weise eine lineare Abbildung $T^* : W^* \longrightarrow V^*$ zwischen den zugehörigen Dualräumen bilden.

Damit können wir nun formulieren:

Satz und Definition 4.2.5. *(adjungierte Abbildung)*
Gegeben sei eine lineare Abbildung $T : V \longrightarrow W$, wobei V, W zwei $\mathbb{K}$-Vektorräume sind. Dann existiert genau eine lineare Abbildung $T^* : W^* \longrightarrow V^*$ mit

$$T^*(w^*) = w^* \circ T, \text{ für alle } w^* \in W^*.$$

Man nennt T^* die zu T **adjungierte Abbildung**.

Der Beweis zu Satz 4.2.5 ist Teil der Übungen zu diesem Kapitel.

Dass die linearen Abbildungen T und T^* in Beziehung zueinander stehen, zeigt sich in der Verbindung zwischen dem Kern der Abbildung T und dem Bild von T^*.

Proposition 4.2.2.
Ist $T : V \longrightarrow W$ eine lineare Abbildung zwischen zwei endlich dimensionalen $\mathbb{K}$-Vektorräumen V und W, so gilt

$$\mathrm{Im}(T^*) = \mathrm{Ker}(T)^\perp$$

Beweis.
Zuerst zeigen wir: $\mathrm{Im}(T^*) \subset \mathrm{Ker}(T)^\perp$
Sei $v^* \in \mathrm{Im}(T^*)$, d. h. es existiert ein $w^* \in W^*$ mit $T^*(w^*) = v^*$. Also müssen wir zeigen, $(w^* \circ T)(\vec{x}\,) = T^*(w^*)(\vec{x}\,) = v^*(\vec{x}\,) = 0$ für alle $\vec{x} \in \mathrm{Ker}(T)$. Aber $\vec{x} \in \mathrm{Ker}(T)$ bedeutet, dass $(w^* \circ T)(\vec{x}\,) = 0$ ist.

Umgekehrt ist zu zeigen, dass $\dim(\mathrm{Im}(T)) \leq \dim(\mathrm{Im}(T^*))$ gilt:
Dazu seien $\mathcal{B} = \{w_1, \ldots, w_k\}$ eine Basis von $\mathrm{Im}(T)$, die wir zu einer Basis $\mathcal{B}_W$ von W erweitern. Sei $\mathcal{B}_W^*$ die zu $\mathcal{B}_W$ duale Basis von W^*. Dann sind die Bilder $(T^*(w_j^*) \subset V^*$ linear unabhängig, denn:
Sei $\vec{0} = \sum_{j=1}^k \alpha_j T^*(w_j^*)$. Dann folgt für alle $\vec{v}_i \in V$ mit $T(\vec{v}_i) = \vec{w}_i$ $(i = 1, \ldots, k)$

$$\begin{aligned} 0 &= \left(\sum_{j=1}^k \alpha_j T^*(w_j^*)\right)(\vec{v}_i) = \left(\sum_{j=1}^k \alpha_j w_j^*(T(\vec{v}_i))\right) \\ &= \left(\sum_{j=1}^k \alpha_j T^*(w_j^*)(\vec{w}_i)\right) = \alpha_i \end{aligned}$$

Damit gilt: $\dim(\mathrm{Im}(T)) \leq \dim(\mathrm{Im}(T^*))$ und mit den bekannten Rechenregeln (siehe [SM02]):
$\dim(\mathrm{Ker}(T)) + \dim(\mathrm{Im}(T)) = \dim(V) = \dim(\mathrm{Ker}(T)) + \dim(\mathrm{Ker}(T)^\perp)$, woraus sich die gesuchte Gleichheit mit Hilfe des ersten Teils dieses Beweises ergibt, also

$$\dim(\mathrm{Im}(T^*)) \leq \dim(\mathrm{Ker}(T)^\perp) = \dim(\mathrm{Im}(T)) \leq \dim(\mathrm{Im}(T^*))$$

□

Nach diesen Vorarbeiten übertragen wir nun das Konzept des Dualraums und das der dualen Abbildung auf euklidische (unitäre) Vektorräume, in denen sich durch das gegebene Skalarprodukt (hermitesche Form) fast schon automatisch beides einführen lässt.

Für die folgenden Überlegungen seien $(V, \langle\cdot,\cdot\rangle_V)$ und $(W, \langle\cdot,\cdot\rangle_W)$ euklidische (unitäre) Vektorräume.

Bemerkungen 4.2.4.

1. *Zu jedem* $\vec{v} \in V$ *bildet*

$$\begin{aligned} \langle \vec{v}, . \rangle_V : V &\longrightarrow \mathbb{K} \\ \vec{x} &\longmapsto \langle \vec{v}, \vec{x} \rangle_V \end{aligned}$$

eine lineare Abbildung auf V *nach* $\mathbb{K}$.

2. *Aufgrund der Linearität von* $\langle \vec{v}, . \rangle_V$ *kann man dieses „halbbesetzte" Skalarprodukt (hermitesche Form) mit der zu* $\vec{v}$ *dualen Abbildung* $\langle \vec{v}, \cdot \rangle_V - v^* \in V^*$ *identifizieren.*

3. *Außerdem (erneut wegen der Linearität des Skalarprodukts) ist die Abbildung*

$$\vec{v} \longmapsto \langle \vec{v}, \cdot \rangle_V = v^*$$

von V *nach* V^* *ein Homomorphismus, der wegen der Definitheit des Skalarprodukts (hermitesche Form) auch ein Monomorphismus ist.*

Nun wissen wir, dass für endlich dimensionale Vektorräume die Dimensionen von Vektorraum und Dualraum gleich sind, $\dim(V) = \dim(V^*)$, weshalb der folgende Satz gilt:

Satz 4.2.6.
Ist $(V, \langle \cdot, \cdot \rangle_V)$ *ein endlich dimensionaler euklidischer (unitärer) Vektorraum, so stellt*

$$\langle \cdot \rangle^* : V \longrightarrow V^*, \ \vec{v} \longmapsto \langle \vec{v}, \cdot \rangle_V = v^*$$

einen Isomorphismus dar, d. h. jede lineare Abbildung $v^* \in V^*$ *lässt sich durch ein geeignetes* $\vec{v} \in V$ *in der Form* $v^*(\vec{x}) = \langle \vec{v}, \vec{x} \rangle_V \in \mathbb{K}$ *für* $\vec{x} \in V$ *umsetzen.*

Dass die Aussage von Satz 4.2.6 tatsächlich für alle $v^* \in V^*$ gilt, ist natürlich noch zu zeigen:

Beweis.
Wir wählen eine ONB $\mathcal{B} = \{\vec{x}_1, \ldots, \vec{x}_n\}$ des n-dimensionalen euklidischen (bzw. unitären) $\mathbb{K}$-Vektorraums V. Die linearen Abbildungen

$$x_j^* : V \longrightarrow \mathbb{K}, \ \vec{v} \longmapsto \ x_j^*(\vec{v}) = \langle \vec{x}_j, \vec{v} \rangle, \quad \text{für } j = 1, \ldots, n$$

sind linear unabängig, denn:

Ist $0 = \sum_{j=1}^{n} \alpha_j \cdot x_j^*$, dann folgt für $i = 1, \ldots, n$:

$$0 = \left(\sum_{j=1}^{n} \alpha_j \cdot x_j^* \right) (\vec{x}_i) = \sum_{j=1}^{n} \alpha_j \cdot \langle \vec{x}_i, \vec{x}_j \rangle = \alpha_i$$

Damit sehen wir, dass sich viele Abbildungen $v^* = \langle \vec{v}, . \rangle$ als Linearkombination der x_j^* darstellen lassen und das Bild von $V \ni v \longmapsto \langle v, \cdot \rangle_V \in V^*$ mindestens die Dimension n besitzen muss. Da aber bei endlich dimensionalen Vektorräumen gilt: $\dim(V) = \dim(V^*)$, muss die Abbildung $\langle \cdot \rangle^*$ aus Satz 4.2.6 ein Isomorphismus sein. □

Betrachtet man nun eine lineare Abbildung $T : V \longrightarrow W$ zwischen zwei euklidischen Vektorräumen V, W so existiert natürlich die adjungierte Abbildung $T^* : W^* \longrightarrow V^*$.
Es stellt sich die Frage, wie man den Zusammenhang zwischen beiden Abbildungen mit Hilfe des Skalarprodukts (hermitesche Form) beschreiben kann.

Definition 4.2.3. *(T^* im Skalarprodukt)*
Es seien $(V, \langle \cdot, \cdot \rangle_V)$, $(W, \langle \cdot, \cdot \rangle_W)$ endlich dimensionale euklidische (unitäre) Vektorräume, $T : V \longrightarrow W$ eine linearer Abbildung und die zu T adjungierte Abbildung $T^* : W^* \longrightarrow V^*$.
Dann wird T^*, angewandt innerhalb des Skalarprodukts (hermitesche Form), als Abbildung neu festgelegt zu

$$T^* : W \longrightarrow V$$

sodass innerhalb des Skalarprodukts (hermitesche Form) gilt

$$W^* \ni \langle \, . \, , \vec{w} \rangle_W \longmapsto \langle \, . \, , T^*(\vec{w}) \rangle_V \in V^*$$

Mit Hilfe dieser „Umdefinition“ 4.2.3 kann man aufgrund von Satz 4.2.6 bei einem gegebenen Skalarprodukt (hermitesche Form) die endlich dimensionalen Vektorräume V mit V^* und W mit W^* identifizieren.

Bemerkungen 4.2.5.

1. *Im $\mathbb{K}^n$ existieren bekanntlich zwei Darstellungen eines Vektors $\vec{x}$ nämlich einmal als Spaltenvektor (So hatten wir Vektoren in [SM02] eingeführt.) und einmal als Zeilenvektor. Beide Darstellungen wirken gleich und können jeweils mit Ortsvektoren bzw. Punkten des $\mathbb{K}^n$ identifiziert werden.*

Die Transposition für Matrizen stellt zwar formal eine Abbildung zwischen beiden Vektordarstellungen dar, nur warum sind beide Darstellungen sinnvoll?
Der Zusammenhang wird erst offensichtlich, wenn man das Skalarprodukt von Vektoren des $\mathbb{K}^n$ *als Matrizenmultiplikation betrachtet. So gilt für* $\vec{x} = (x_1, \ldots, x_n)^T$ *und* $\vec{y} = (y_1, \ldots, y_n)^T$

$$\langle \vec{x}, \vec{y} \rangle = \vec{x}^T \cdot \vec{y} = (x_1, \ldots, x_n) \cdot \begin{pmatrix} y_1 \\ \vdots \\ y_n \end{pmatrix}$$

Damit kann zwar grundsätzlich $\vec{x}$ *mit* $\vec{x}^T$ *identifiziert werden, ist aber zusammen mit der Matrizenmultiplikation innerhalb des Skalarprodukts tatsächlich ein Element des Dualraums zum* $\mathbb{K}^n$ *in seiner Darstellung durch Zeilenvektoren.*

2. *Im* $\mathbb{K}^n$ *lässt sich zudem aufgrund der Sätze 4.2.1 und 4.2.6 die duale Basis* $\mathcal{B}^* = \{\vec{b}_1^*, \ldots, \vec{b}_n^*\}$ *zu einer gegebenen Basis* $\mathcal{B} = \{\vec{b}_1, \ldots, \vec{b}_n\}$ *methodisch mittels des Zusammenhangs*

$$\left(\vec{b}_1 \ldots \vec{b}_n\right)^T \cdot \left(\vec{b}_1^* \ldots \vec{b}_n^*\right) = \mathcal{E}_n$$

bestimmen, aus dem sich ergibt

$$\left(\vec{b}_1^* \ldots \vec{b}_n^*\right) = \left(\vec{b}_1 \ldots \vec{b}_n\right)^{-1}$$

So bilden z. B. die beiden Vektoren $\vec{b}_1 = (1,1)^T$ *und* $\vec{b}_2 = (1,-1)^T$ *eine Basis des* $\mathbb{R}^2$. *Für die duale Basis mit den Vektoren* $\vec{b}_1^* = (b_{11}^*, b_{12}^*)^T$ *und* $\vec{b}_2^* = (b_{21}^*, b_{22}^*)^T$ *gilt damit*

$$\begin{pmatrix} b_{11}^* & b_{21}^* \\ b_{12}^* & b_{22}^* \end{pmatrix} = \begin{pmatrix} 1 & 1 \\ 1 & -1 \end{pmatrix}^{-1} = \left(-\frac{1}{2}\right) \cdot \begin{pmatrix} -1 & -1 \\ -1 & 1 \end{pmatrix}$$

und man erhält

$$\vec{b}_1^* = \begin{pmatrix} \frac{1}{2} \\ \frac{1}{2} \end{pmatrix}, \ \vec{b}_2^* = \begin{pmatrix} \frac{1}{2} \\ -\frac{1}{2} \end{pmatrix}$$

mit $\langle \vec{b}_1, \vec{b}_1^* \rangle = \langle \vec{b}_2, \vec{b}_2^* \rangle = 1$ *und* $\langle \vec{b}_1, \vec{b}_2^* \rangle = \langle \vec{b}_2, \vec{b}_1^* \rangle = 0.$

Da mit Definition 4.2.3 die Abbildungen $T : V \longrightarrow W$ und $T^* : W \longrightarrow V$ innerhalb des Skalarprodukts (der hermiteschen Form), also auf euklidischen (unitären) Vektorräumen, formuliert sind, lassen sich weitere Eigenschaften und Zusammenhänge sehr kompakt fassen.

Satz 4.2.7.
Es seien $(V, \langle\cdot,\cdot\rangle_V)$, $(W, \langle\cdot,\cdot\rangle_W)$ endlich dimensionale euklidische (unitäre) Vektorräume, $T : V \longrightarrow W$ eine lineare Abbildung und die zu T adjungierte Abbildung $T^* : W \longrightarrow V$. Dann gilt

$$\langle T(\vec{v}\,), \vec{w}\,\rangle_W = \langle \vec{v}, T^*(\vec{w}\,)\rangle_V \; \forall \vec{v} \in V, \vec{w} \in W \tag{4.9}$$

und für eine ONB $\mathcal{B} = \{\vec{e}_1, \ldots, \vec{e}_n\}$ *von W gilt:*

$$T^*(\vec{w}\,) = \sum_{j=1}^{n} \langle T(\vec{e}_j), \vec{w}\,\rangle \cdot \vec{e}_j \tag{4.10}$$

Der Beweis zu Satz 4.2.7 basiert auf der Kernaussage der Isomorphie aus Satz 4.2.6, bei dem ja die endliche Dimension der euklidischen (unitären) Vektorräume wesentlich ist (Details siehe [Fil] oder [Kow]).
Da wir uns argumentativ im Rahmen der endlich dimensionalen euklidischen (unitären) Vektorräume bewegen, bleibt die Frage nach weiteren Vereinfachungen, welche durch die endliche Dimension begründet sind. So war einigen eventuell schon aufgefallen, dass wir das *orthogonale Komplement* zweimal definiert haben (Definitionen 4.3.3 und 4.2.2).
Für endlich dimensionale euklidische (unitären) Vektorräume fallen diese orthogonalen Komplemente alle zusammen, da man nach Satz 4.2.6 im endlich dimensionalen Fall V und V^* identifizieren kann.

Satz 4.2.8.
Seien $(V, \langle\cdot,\cdot\rangle_V)$ ein endlich dimensionaler euklidischer (unitärer) Vektorraum und $U \subset V$. Dann gilt

$$\begin{aligned} U^{\perp} &= \{\vec{v} \in V; \langle \vec{v}, \vec{x}\,\rangle = 0 \,\forall \vec{x} \in U\} \\ &= \{v^* \in V^*; v^*(\vec{x}\,) = 0 \,\forall \vec{x} \in U\} \end{aligned} \tag{4.11}$$

Insbesondere gilt:

Proposition 4.2.3.
Es seien V, W endlich dimensionale euklidische (unitäre) Vektorräume und $T : V \longrightarrow W$. Dann gilt:

1. *T ist genau dann injektiv, wenn T^* surjektiv ist*
2. *T ist genau dann surjektiv, wenn T^* injektiv ist.*

Der Beweis zu Proposition 4.2.3 ist Teil der Übungsaufgaben zu diesem Abschnitt.

Bemerkung 4.2.6.
Man hätte die adjungierte Abbildung zwischen euklidischen Vektorräumen auch mittels des Skalarprodukts einführen können (siehe (4.9)). Dass wir so nicht vorgegangen sind, liegt darin begründet, dass wir mit unserem Ansatz den Unterschied zwischen endlich dimensionalen und unendlich dimensionalen euklidischen (unitären) Vektorräumen betonen können.
In den Übungen zu diesem Abschnitt kann man zeigen, dass im Fall eines unendlich dimensionalen $\mathbb{K}$-Vektorraums Gleichung (4.9) nicht für alle adjungierten Abbildungen zur Darstellung verwendet werden kann, ein Umstand, dem insbesondere in der Quantenmechanik mit ihren unendlich dimensionalen Vektorräumen Rechnung getragen werden muss.

Zum Schluss dieses Abschnitts zeigen wir noch den einfachen Zusammenhang zwischen der adjungierten Abbildung und ihrer bezüglich einer Basis darstellenden Matrix auf.

Proposition 4.2.4.
Es seien V, W euklidische oder unitäre Vektorräume mit den jeweiligen ONB $\mathcal{B}_V$ *und* $\mathcal{B}_W$. *Dann gilt für jede Abbildung* $T \in \mathrm{Hom}(V, W)$:

$$\mathcal{A}_{\mathcal{B}_W,\mathcal{B}_V}(T^*) = \overline{\mathcal{A}_{\mathcal{B}_V,\mathcal{B}_W}(T)}^T$$

dabei sind $\mathcal{A}_{\mathcal{B}_V,\mathcal{B}_W}(T)$ und $\mathcal{A}_{\mathcal{B}_W,\mathcal{B}_V}(T^*)$ die entsprechenden darstellenden Matrizen von T und T^* in den gewählten ONB $\mathcal{B}_V$ *und* $\mathcal{B}_W$.

4.2.1 Kurzaufgaben zum Verständnis

1. Jeder $\mathbb{K}$-Vektorraum V besitzt einen Dualraum V^*.

   □ wahr □ falsch

2. Jeder Dualraum V^* besitzt eine Basis genau dann, wenn er endlich dimensional ist.

   □ wahr □ falsch

3. Ist V endlich dimensional, so sind V und $(V^*)^* = V^{**}$ isomorph.

   □ wahr □ falsch

4. Ist V ein endlich dimensionaler euklidischer $\mathbb{K}$-Vektorraum, so kann man V mit dem Dualraum V^* identifizieren.

   □ wahr □ falsch

5. Ist V ein euklidischer Raum, so kann man zu jedem $v^* \in V^*$ ein $\vec{v} \in V$ finden mit $v^*(\vec{w}\,) = \langle \vec{v}, \vec{w}\,\rangle$ für alle $\vec{w} \in V$.

   □ wahr □ falsch

6. Sind V, W Vektorräume und $T \in \mathrm{Hom}(V, W)$. Dann folgt immer für die adjungierte Abbildung T^*, dass $\mathrm{Im}(T^*) \subset \mathrm{Ker}(T)^\perp$ gilt.

   □ wahr □ falsch

7. Zur Basis $\vec{v} = (5) \in \mathbb{R}$ ist $v^* = \left(\frac{1}{5}\right)$ zusammen mit der Multiplikation in $\mathbb{R}$ die duale Basis.

   □ wahr □ falsch

4.2.2 Übungen

Lösungsvideos zu den Übungen können auf www.lsgn24h.de über die Eingabe des Lösungscodes abgerufen werden.

Kl A:

1. Gegeben sei die Matrix $\mathcal{A} \in M(2 \times 3, \mathbb{R})$ durch

$$\mathcal{A} = \begin{pmatrix} 1 & -1 & 1 \\ 1 & 1 & 2 \end{pmatrix}$$

   $\mathcal{A}$ definiert mit der kanonischen Basis des $\mathbb{R}^3$ eine Abbildung $T_{\mathcal{A}} : \mathbb{R}^3 \longrightarrow \mathbb{R}^2$.

   (a) Bestimmen Sie eine Basis des Kerns $\text{Ker}(T_{\mathcal{A}})$.

   (Lösungscode: SB03DR0A001)

   (b) Sei $\vec{b} = (1, 2)^T$. Ist $\vec{b} \in \text{Im}(T_{\mathcal{A}})$? Wenn ja, so bestimmen Sie die Menge

$$\left\{ \vec{x} \in \mathbb{R}^3 ; T_{\mathcal{A}}(\vec{x}\,) = \vec{b} \right\}$$

   (Lösungscode: SB03DR0A002)

2. Gegeben sei die Teilmenge $U \subset \mathbb{R}^2$, mit

$$U = \{\vec{x}; \vec{x} = \alpha \cdot (3,4)^T \,,\ \alpha \in \mathbb{R}\}$$

   Bestimmen Sie $U^{\perp}$.

   (Lösungscode: SB03DR0A003)

3. Gegeben ist die Basis $\mathcal{B} = \{\vec{v}_1, \vec{v}_2, \vec{v}_3\}$ des $\mathbb{R}^3$, mit

$$\vec{v}_1 = \begin{pmatrix} 2 \\ 1 \\ 1 \end{pmatrix}, \ \vec{v}_2 = \begin{pmatrix} -1 \\ 3 \\ 1 \end{pmatrix}, \ \vec{v}_3 = \begin{pmatrix} -1 \\ 0 \\ 2 \end{pmatrix}$$

   Berechnen Sie die zu $\mathcal{B}$ duale Basis $\mathcal{B}^*$

   (Lösungscode: SB03DR0A004)

4. Gegeben sei die Matrix $\mathcal{A} \in M(3 \times 5, \mathbb{R})$ durch

$$\mathcal{A} = \begin{pmatrix} 1 & -1 & 2 & -2 & 3 \\ 0 & 1 & -1 & 2 & 2 \\ 0 & 0 & 1 & -1 & 2 \end{pmatrix}$$

$\mathcal{A}$ definiert mit der kanonischen Basis des $\mathbb{R}^5$ eine Abbildung $T_{\mathcal{A}} : \mathbb{R}^5 \longrightarrow \mathbb{R}^3$.

(a) Bestimmen Sie eine Basis des Kerns $\text{Ker}(T_{\mathcal{A}})$.

(Lösungscode: SB03DR0A005)

(b) Seien $\vec{b}_1 = \begin{pmatrix} 1 \\ 2 \\ 3 \end{pmatrix}$ und $\vec{b}_2 = \begin{pmatrix} 3 \\ -2 \\ 1 \end{pmatrix}$.

Sind $\vec{b}_i \in \text{Im}(T_{\mathcal{A}})$, $i = 1, 2$? Wenn ja, so bestimmen Sie die Menge

$$\mathbb{L}_i = \left\{ \vec{x} \in \mathbb{R}^3 ; T_{\mathcal{A}}(\vec{x}\,) = \vec{b}_i \right\} \, , \; i = 1, 2$$

(Lösungscode: SB03DR0A006)

5. Sei der Homomorphismus $T : \mathbb{R}^2 \longrightarrow \mathbb{R}^3$ gegeben durch

$$T(\vec{x}\,) = T((x_1, x_2)^T) = (x_1 + x_2, 3x_1 - x_2, x_1)^T$$

(a) Stellen Sie T als Matrix $\mathcal{A}_T$ bezüglich der kanonischen Basen des $\mathbb{R}^2$ und $\mathbb{R}^3$ dar.

(Lösungscode: SB03DR0A007)

(b) Stellen Sie T als Matrix $\mathcal{A}_{T\mathcal{B}}$ bezüglich der folgenden Basen dar:

$$\mathcal{B} = \left\{ (1, 2)^T, (-2, 1)^T \right\} \text{ für den } \mathbb{R}^2 \text{ und}$$

$$\mathcal{B}_1 = \left\{ (1, 1, 0)^T, (1, -1, 0)^T, (0, 0, 1)^T \right\} \text{ für den } \mathbb{R}^3 .$$

(Lösungscode: SB03DR0A008)

(c) Geben Sie Matrixdarstellung der zu T adjungierten Abbildung in den Basen $\mathcal{B}$ und $\mathcal{B}_1$ an.

(Lösungscode: SB03DR0A009)

Kl B:

1. Es sei V ein Vektorraum über $\mathbb{K}$. Wie bei den Matrizen definiert man für einen Endomorphismus $T \in \text{End}(V)$: $\lambda \in \mathbb{K}$ ist ein Eigenwert von T, genau dann wenn $\lambda \cdot \text{id}_V - T$ nicht injektiv ist.

   (a) Wie stehen die Eigenwerte von T und T^* zu einander? (Tipp: Fallunterscheidung nach $\mathbb{K}$).

   (Lösungscode: SB03DR0B001)

   (b) Sei V ein euklidischer (unitärer) Vektorraum mit $\dim(V) = n$. Dann kann man T bzw. T^* durch Matrizen $\mathcal{A} \in M(n \times n, \mathbb{K})$ darstellen.
   Wie lauten hier die Eigenwerte der entsprechenden darstellenden Matrizen?

   (Lösungscode: SB03DR0B002)

2. Es seien V, W Vektorräume über $\mathbb{K}$ und V^*, W^* ihre dualen Räume. Zeigen Sie:

   (a) Ist $T \in \text{Hom}(V, W)$, so stellt $T^* : W^* \longrightarrow V^*$, mit $w^* \longmapsto w^* \circ T$ eine lineare Abbildung dar.

   (Lösungscode: SB03DR0B003)

   (b) Ist T ein Epimorphismus, so ist T^* ein Monomorphismus.

   (Lösungscode: SB03DR0B004)

   (c) Ist T ein Monomorphismus, dann ist T^* ein Epimorphismus.

   (Lösungscode: SB03DR0B005)

   (d) $\text{Hom}(V, W) \ni T \longmapsto T^* \in \text{Hom}(W^*, V^*)$ ist ein Monomorphismus.

   (Lösungscode: SB03DR0B006)

3. Bestimmen Sie eine Basis des Kerns der linearen Abbildung $T_{\mathcal{A}} : \mathbb{R}^5 \longrightarrow \mathbb{R}^4$, der durch die Matrix $\mathcal{A} \in M(4 \times 5, \mathbb{R})$ bezüglich der kanonischen Basis induziert wird, mit

$$A = \begin{pmatrix} 1 & 3 & 2 & 4 & 0 \\ 1 & 2 & 2 & 10 & 6 \\ -2 & 9 & 4 & -10 & -18 \\ -2 & 8 & 4 & -4 & -12 \end{pmatrix}$$

   (Lösungscode: SB03DR0B007)

4. Beweisen Sie Proposition 4.2.3.

(Lösungscode: SB03DR0B008)

Kl C:

1. Sind V, W, X Vektorräume über $\mathbb{K}$, und $T_1 : V \longrightarrow W$ und $T_2 : W \longrightarrow X$ lineare Abbildungen. Zeigen Sie, dass dann gilt:

$$(T_2 \circ T_1) = T_1^* \circ T_2^*$$

(Lösungscode: SB03DR0C001)

2. Es sei $\mathcal{A} = (\alpha_{ij})_{n,n} \in M(n \times n, \mathbb{K})$ und

$$\text{spur}(\mathcal{A}) = \sum_{i=1}^{n} \alpha_{ii}$$

(a) Seien V ein n-dimensionaler $\mathbb{K}$-Vektorraum und $T_{\mathcal{A}} \in \text{End}(V)$ ein Endomorphismus, der durch $\mathcal{A}$ bezüglich einer Basis $\mathcal{B} = \{\vec{v}_1, \ldots, \vec{v}_n\} \subset V$ dargestellt wird.
Zeigen Sie: spur($\mathcal{A}$) hängt nicht von der Wahl von $\mathcal{B}$ ab, sondern nur von T selbst. (D. h., bei gleichem Endomorphismus und verschiedenen darstellenden Matrizen bezüglich verschiedenen Basen haben die Matrizen die gleiche Spur.)

(Lösungscode: SB03DR0C002)

(b) Zeigen Sie: $\text{spur}(T) = \text{spur}(T^*)$.

(Lösungscode: SB03DR0C003)

(c) Zeigen Sie: Die Abbildung

$$\text{End}(V) \ni T \longmapsto \text{spur}(T) \in \mathbb{K}$$

ist eine lineare Abbildung von End(V) als $\mathbb{K}$-Vektorraum in den Körper $\mathbb{K}$.

(Lösungscode: SB03DR0C004)

(d) Zeigen Sie: Zu jedem $T \in \text{End}(V)$, $(T \neq 0)$ existiert ein $S \in \text{End}(V)$ mit $\text{spur}(S \circ T) \neq 0$

(Lösungscode: SB03DR0C005)

Kl D:

1. Es seien $\imath : c_{00} \hookrightarrow \ell_2$ die kanonische Einbettung der Menge

$$c_{00} = \{(x_n)_{n\in\mathbb{N}};\ x_n \in \mathbb{R}, x_n \neq 0 \text{ für endlich viele } n \in \mathbb{N}\}$$

in ℓ_2, die Menge der quadratisch summierbaren Folgen und $\imath^* : \ell_2^* \longrightarrow c_{00}^*$ ihre Adjungierte.

(a) Sei $\vec{x} = \left(1, \frac{1}{2}, \frac{1}{3}, \frac{1}{4}, \ldots\right)$. Dann ist $\vec{x} \in \ell_2$.

(Lösungscode: SB03DR0D001)

(b) Für alle $j \in \mathbb{N}$ und $\vec{e}_j \in \mathcal{B} = \{\vec{e}_1, \vec{e}_2, \ldots\}$, die kanonische ONB von c_{00}, gilt $\langle \imath(\vec{e}_j), \vec{x}\,\rangle \neq 0$.

(Lösungscode: SB03DR0D002)

(c) Für alle $\vec{y} \in c_{00}$ gibt es ein $k \in \mathbb{N}$, sodass $\langle \vec{e}_j, \vec{y}\,\rangle = 0$ für alle $j \geq k$.

(Lösungscode: SB03DR0D003)

(d) Zeigen Sie mit (a) und (b): Es gilt *nicht*:

$$\langle \imath(\vec{z}\,), \vec{x}\,\rangle_{\ell_2} = \langle \vec{z}, \imath^*(\vec{x}\,)\rangle_{c_{00}}\,,\ \forall \vec{x} \in \ell_2,\ \vec{z} \in c_{00}$$

d. h. man kann den adjungierten Operator $\imath^*$ nicht in der Form

$$\imath^* : \ell_2 \longrightarrow c_{00}$$

definieren und deshalb gilt der Satz 4.2.7 nicht allgemein in unendlich dimensionalen Vektorräumen.

(Lösungscode: SB03DR0D004)

2. Beweisen Sie Satz 4.2.4.

(Lösungscode: SB03DR0D005)

3. Beweisen Sie Satz 4.2.5.

(Lösungscode: SB03DR0D006)

4.3 Orthogonale Abbildungen

Der Titel „Orthogonale Abbildungen“ suggeriert, dass hier etwas senkrecht aufeinander steht. Die Idee, dass „orthogonal“ einen Winkelzusammenhang beschreibt, entstammt natürlich unseren Erfahrungen aus dem $\mathbb{R}^n$. Für euklidische (unitäre) Vektorräume trennt man sich jedoch vom Begriff des „Senkrechtstehens“ und führt den Begriff der „Orthogonalität“ von Abbildungen anders ein, wie es z. B. aus der Analysis unter dem Namen „Isometrie“ bekannt ist.
Für euklidische (unitäre) Vektorräume bezieht sich die Orthogonalität einer linearen Abbildung T auf die Unveränderlichkeit des Skalarprodukts (hermitesche Form) unter Einfluss von T.

Definition 4.3.1. *(orthogonaler Endomorphismus)*
Es sei $(V, \langle\cdot,\cdot\rangle)$ ein euklidischer (bzw. unitärer) Vektorraum. Einen Endomorphismus $T : V \longrightarrow V$ nennt man **orthogonal** *bzw. (***unitär***), wenn*

$$\langle T(\vec{x}), T(\vec{y})\rangle = \langle \vec{x}, \vec{y}\rangle, \ \forall\, \vec{x}, \vec{y} \in V$$

Die Orthogonalität von Abbildungen spielt insbesondere bei der Fourier-Analyse, dem Spektrum von Schwingungen und der darauf basierenden Analyse und Komposition von z. B. elektromagnetischen Signalen eine wesentliche Rolle.
Aus Definition 4.3.1 lassen sich bereits Eigenschaften in einer Proposition formulieren, welche sich aus den Eigenschaften der orthogonalen Abbildung und dem Skalarprodukt ergeben.

Proposition 4.3.1.
Es seien $(V, \langle\cdot,\cdot\rangle)$ ein euklidischer (bzw. unitärer) Vektorraum, $\|.\|$ die induzierte Norm und $T : V \longrightarrow V$ orthogonal (bzw. unitär). Dann gilt:

1. $\|T(\vec{x})\| = \|\vec{x}\| \ \forall\, \vec{x} \in V$.
2. *Für alle $\vec{x}, \vec{y} \in V$ gilt: $\vec{x} \perp \vec{y} \ \Leftrightarrow \ T(\vec{x}) \perp T(\vec{y})$.*
3. *Ist $\lambda \in \mathbb{K}$ ein Eigenwert von T, so gilt $|\lambda| = 1$.*
4. *T ist injektiv, also ein Monomorphismus.*
5. *Ist $\dim(V) < \infty$, so ist T bijektiv, also ein Automorphismus und T^{-1} ist erneut orthogonal (bzw. unitär).*

Der Beweis zu Proposition 4.3.1 ist Teil der Übungen zu diesem Abschnitt.

Wenn man von der linearen Abbildung $T \in \text{End}(V)$ zur Matrizendarstellung bezüglich einer Basis von V übergeht, so wissen wir aus Band 2 ([SM02]), dass bei der Festlegung einer Basis von V, die darstellende Matrix eines Endomorphismus T eindeutig bestimmt ist. Da nun aber jeder n-dimensionale euklidische (unitäre) Vektorraum V zu einem $\mathbb{K}^n$ isomorph ist, beschränken wir uns ab jetzt auf $V = \mathbb{K}^n$, zusammen mit der kanonischen Basis $\mathcal{B} = \{\vec{e}_1, \ldots, \vec{e}_n\}$.

Aus der Proposition 4.3.1 *5.* sieht man, dass für $V = \mathbb{K}^n$ jeder orthogonale (bzw. unitäre) Endomorphismus invertierbar ist. Aus diesem Grund werden für (die darstellenden) Matrizen die folgenden Begriffe definiert, was gleichzeitig eine Erweiterung von Definition 3.2.5 darstellt:

Definition 4.3.2. *(orthogonale, unitäre Matrizen)*
Wir nennen eine invertierbare Matrix $\mathcal{A} \in \text{Gl}(n)$ **orthogonal** *(im Fall* $\mathbb{K} = \mathbb{R}$*) bzw.* **unitär** *(im Fall* $\mathbb{K} = \mathbb{C}$*), wenn*

$$\mathcal{A}^{-1} = \mathcal{A}^T \text{ (Fall } \mathbb{K} = \mathbb{R}) \text{ bzw. } \mathcal{A}^{-1} = \overline{\mathcal{A}}^T \text{ (Fall } \mathbb{K} = \mathbb{C}) \qquad (4.12)$$

Wir sind orthogonalen Matrizen und Mengen von solchen immer wieder in den vorangegangen Kapiteln begegnet. Die dort verwendeten üblichen Bezeichnungen von Mengen orthogonaler (unitärer) Matrizen werden im Folgenden festgelegt:

Definitionen 4.3.3. *(Die Mengen* $\text{O}(n)$, $\text{U}(n)$, $\text{SO}(n)$*)*

$$\begin{aligned} \text{O}(n) &= \{\mathcal{A} \in \text{GL}(n);\ \mathcal{A}^{-1} = \mathcal{A}^T\} \text{ orthogonale Matrizen} \\ \text{U}(n) &= \{\mathcal{A} \in \text{GL}(n);\ \mathcal{A}^{-1} = \overline{\mathcal{A}}^T\} \text{ unitäre Matrizen} \\ \text{SO}(n) &= \{\mathcal{A} \in \text{GL}(n);\ \det(\mathcal{A}) = 1\} \text{ spezielle orthogonale Matrizen} \end{aligned}$$

Proposition 4.3.2.
Die Mengen $\text{O}(n)$, $\text{U}(n)$, $\text{SO}(n) \subset \text{GL}(n)$ *bilden mit der Matrizenmultiplikation als Verknüpfung jeweils eine Gruppe.*

Um dies zu zeigen, reicht es, diese Aussage für $\text{U}(n)$ zu beweisen (Warum?). Der Beweis durch Rechnung ist Teil der Übungen zu diesem Abschnitt.

Es zeigt sich, dass für die Spalten- und Zeilenvektoren von Matrizen aus den Mengen $\text{O}(n)$, $\text{U}(n)$, $\text{SO}(n)$ Beziehungen gelten, die wir für Matrizen $\mathcal{A} \in \text{O}(n)$ ja schon aus Abschnitt 3.2.1 kennen.

Proposition 4.3.3.
Für eine Matrix $\mathcal{A} \in M(n \times n, \mathbb{K})$ sind folgende Aussagen äquivalent:

1. $\mathcal{A} \in \mathrm{O}(n)$ *(falls* $\mathbb{K} = \mathbb{R}$*) bzw.* $\mathcal{A} \in \mathrm{U}(n)$ *(falls* $\mathbb{K} = \mathbb{C}$*).*
2. *Die Spaltenvektoren von* $\mathcal{A}$ *bilden eine* ONB *des* $\mathbb{R}^n$ *(bzw.* $\mathbb{C}^n$*).*
3. *Die Zeilenvektoren von* $\mathcal{A}$ *bilden eine* ONB *des* $\mathbb{R}^n$ *(bzw.* $\mathbb{C}^n$*).*

Diese Proposition 4.3.3 gibt auch eine Rechtfertigung für die Verwendung der Bezeichnung „orthogonale" Matrizen.

Da wir Matrizen immer auch als Darstellungen von linearen Abbildungen bzgl. der Basis eines Vektorraums verstehen, untermauert die folgende Aussage die Definition einer orthogonalen bzw. unitären Matrix.
Die Aussage sei hier allgemein und nicht nur beschränkt auf $V = \mathbb{K}^n$ und $\mathcal{B} = \{\vec{e}_1, \ldots \vec{e}_n\}$ angegeben.

Satz 4.3.1.
Es sei V ein euklidischer (bzw. unitärer) endlich dimensionaler Vektorraum mit einer ONB $\mathcal{B}$*. Weiter sei* $T \in \mathrm{End}(V)$*. Dann ist T genau dann orthogonal (bzw. unitär), wenn die darstellende Matrix $\mathcal{A}_T$ orthogonal (bzw. unitär) ist.*

Beweis.
Wird die T darstellende Matrix $\mathcal{A}_T$ auf eine ONB $\mathcal{B} = \{\vec{x}_1, \ldots, \vec{x}_n\}$ von V angewendet, dann gilt nach der Definition der darstellenden Matrix

$$\langle T(\vec{x}_i), T(\vec{x}_j)\rangle = \langle \mathcal{A}_T \cdot \vec{e}_i, \mathcal{A}_T \cdot \vec{e_j}\rangle$$

woraus sich ergibt, dass T nach Proposition 4.3.1 *2.* genau dann orthogonal ist, wenn die darstellende Matrix $\mathcal{A}_T$ orthogonal (bzw. unitär) ist. □

Wir wissen also, dass bzgl. einer ONB eine lineare Abbildung T und die sie darstellende Matrix $\mathcal{A}_T$ gleichzeitig orthogonal (unitär) sind. Die Frage, ob man zu einer orthogonalen (unitären) Abbildung auch eine ONB des zugrundeliegenden Vektorraums finden kann, konnten wir bereits für symmetrischen Matrizen bejahen.

Satz 4.3.2.
Es seien V ein unitärer $\mathbb{C}$-Vektorraum $(\dim(V) = n)$ *und* $T \in \mathrm{End}(V)$ *unitär. Dann besitzt V eine* ONB *aus Eigenvektoren von T.*

Beweis.
Entscheidend sind zwei Tatsachen: Erstens kann man eindeutig zu einer beliebigen ONB $\mathcal{B}$ von V eine darstellende unitäre Matrix $\mathcal{A}_T \in M(n \times n, \mathbb{C})$ finden (die Eigenwerte von T sind dann genau die von $\mathcal{A}_T$) und zweitens zerfällt jedes Polynom über $\mathbb{C}$ in Linearfaktoren, d. h., ist $n = \dim(V) \geq 1$ (für $n = 0$ ist nichts zu zeigen), so gilt

$$p_{\mathcal{A}_T}(\lambda) = (-1)^n \cdot (\lambda - \lambda_1) \cdot \ldots \cdot (\lambda - \lambda_n),\ \lambda_i \in \mathbb{C},\ i = 1, \ldots, n$$

Wir zeigen die Aussage durch vollständige Induktion (siehe [SM01]) über die Dimension n des $\mathbb{K}$-Vektorraums V.

IA: Sei $n = 1$ und λ_1 der Eigenwert von A_T. Dann folgt nach Proposition 4.3.1 $|\lambda_1| = 1$. Der normierte Eigenvektor $\vec{v}_1$ zu λ_1 bildet dann die Basis.
IV: Sei die Behauptung für ein $n \in \mathbb{N}$ erfüllt.
IS: Für $n > 1$ sei erneut $\vec{v}_1$ ein normierter Eigenvektor zu λ_1 gewählt. Dann definiert man

$$W = \{\vec{w} \in V; \langle \vec{w}, \vec{v}_1 \rangle = 0\}$$

W ist ein T-invarianter Unterraum, denn für den Eigenwert λ_1 gilt $|\lambda_1| = 1 \neq 0$ und damit für $\vec{w} \in W$ (wieder nach Proposition 4.3.1)

$$\lambda_1 \langle \vec{v}_1, T(\vec{w}\,)\rangle = \langle \lambda_1 \vec{v}_1, T(\vec{w}\,)\rangle = \langle T(\vec{v}_1), T(\vec{w}\,)\rangle = \langle \vec{v}_1, \vec{w}\,\rangle = 0$$

$$\Rightarrow \langle T(\vec{w}\,), \vec{v}_1 \rangle = 0$$

Somit gilt $T(\vec{w}) \in W$ nach Definition von W.
Da nach Definition $W^\perp = \operatorname{span}(\vec{v}_1)$ gilt, folgt nach Satz 4.2.4 (4.8), dass $\dim(W) = n - 1$.
Also finden wir nach IV eine ONB $\{\vec{v}_2, \ldots, \vec{v}_n\}$ von Eigenvektoren von T in W und $\mathcal{B} = \{\vec{v}_1, \ldots, \vec{v}_n\}$ ist die gesuchte ONB von V. □

Bemerkung 4.3.1.
Die Eigenschaft des Körpers $\mathbb{C}$ haben wir nur bei der Zerlegung des Polynoms verwendet. Wenn also ein Endomorphismus T auf einem euklidischen Vektorraum bereits n reelle Eigenwerte besitzt, so gilt der letzte Satz auch entsprechend für euklidische endlich dimensionale Vektorräume und orthogonale Endomorphismen.

Aus dem Satz 4.3.3 folgt sofort das Korollar

Korollar 4.3.1.
Jede unitäre Matrix $\mathcal{A} \in \mathrm{U}(n)$ auf $\mathbb{C}^n$ ist diagonalisierbar.

D. h., es existiert zu $\mathcal{A}$ eine weitere Matrix $\mathcal{C} \in \mathrm{U}(n)$ mit

$$\mathcal{C}^T \cdot \mathcal{A} \cdot \mathcal{C} = \mathcal{D}$$

wobei D eine Diagonalmatrix ist, mit den Eigenwerten von $\mathcal{A}$ auf der Hauptdiagonalen.

Dass die Spalten in der Matrix $\mathcal{C}$ eine ONB bilden, hat Auswirkungen auf die Eigenräume eines orthogonalen Endomorphismus T bzw. einer orthogonalen Matrix $\mathcal{A}$.

Korollar 4.3.2.

1. *Es seien V ein n-dimensionaler unitärer $\mathbb{K}$-Vektorraum und $T \in \mathrm{End}(V)$ ein orthogonaler Endomorphismus. Dann gilt*

$$V = \mathrm{Eig}(T, \lambda_1) \oplus \ldots \oplus \mathrm{Eig}(T, \lambda_k)$$

wobei $\lambda_1, \ldots, \lambda_k \in \mathbb{C}$ $(k \leq n)$ die paarweise verschiedenen Eigenwerte von T und die Eigenräume paarweise zueinander orthogonal sind.

2. *Es sei $\mathcal{A} \in M(n \times n, \mathbb{C})$ eine unitäre Matrix. Dann gilt*

$$\mathbb{C}^n = \mathrm{Eig}(\mathcal{A}, \lambda_1) \oplus \ldots \oplus \mathrm{Eig}(\mathcal{A}, \lambda_k)$$

wobei $\lambda_1, \ldots, \lambda_k \in \mathbb{C}$ $(k \leq n)$ die paarweise verschiedenen Eigenwerte von $\mathcal{A}$ und die Eigenräume im $\mathbb{C}^n$ paarweise zueinander orthogonal sind.

Wir werden die bisher entwickelten Zusammenhänge für Matrizen der Menge $\mathrm{O}(n)$ nutzen und uns deren Anwendung bei Drehungen und Spiegelungen in der Geometrie zuwenden.
Grundlage hierfür ist die natürliche Unterteilung der Menge der orthogonalen Matrizen in zwei Kategorien, je nach Wert Ihrer Determinante.

Definitionen 4.3.4. *(eigentliche, uneigentliche orthogonale Matrizen) Sei $\mathcal{A} \in \mathrm{O}(n)$. Dann heißt $\mathcal{A}$*

1. **eigentlich orthogonal**, *falls* $\det(\mathcal{A}) = 1$.

2. **uneigentlich orthogonal**, *falls* $\det(\mathcal{A}) = -1$.

Bemerkungen 4.3.2.

1. *Wegen Definitionen 4.3.4 1. wird die Menge* SO(n) *auch als eigentliche orthogonale Gruppe bezeichnet.*
2. *In der Geometrie beschreiben Matrizen aus* SO(n) **Drehungen** *und Matrizen aus* $O(n) \setminus SO(n)$ **Spiegelungen**.
3. *In der Geometrie wird* SO(n) *auch als die* **Drehgruppe** *bezeichnet, was wieder einmal aufzeigt, dass gleiche mathematische Objekte je nach Teilgebiet unterschiedlich benannt werden können.*

Wenn wir nun eine uneigentliche orthogonale Matrix, also eine orthogonale Matrix $\mathcal{A}$ mit $\det(\mathcal{A}) = -1$, betrachten, kann für einen euklidischer Vektorraum folgende Proposition formuliert werden:

Proposition 4.3.4.
Es seien V ein n-dimensionaler euklidischer Vektorraum und $T \in \operatorname{End}(V)$ eine uneigentliche orthogonale Abbildung. Ferner gebe man sich eine Hyperebene $H \subset V$, d. h. ein Unterraum der Dimension $\dim(H) = n - 1$ vor.
Dann existieren eine Drehung T_1 und eine Spiegelung T_2 an H mit

$$T = T_2 \circ T_1$$

Also existieren zu einer uneigentlichen orthogonalen Matrix $\mathcal{A}$ eine eigentlich orthogonale Matrix $\mathcal{A}_1$ und eine uneigentlich orthogonale Matrix $\mathcal{A}_2$, sodass

$$\mathcal{A} = \mathcal{A}_2 \cdot \mathcal{A}_1$$

gilt, wobei H der Eigenraum von $\mathcal{A}_2$ zum Eigenwert $\lambda = 1$ ist.

Für den Beweis zu Proposition 4.3.4 verweisen wir z. B. auf [Kow].

> Was ergibt sich aus einer Beschränkung auf den $\mathbb{R}^n$ für die orthogonalen Endomorphismen bzw. Matrizen?

Das Problem besteht darin, dass in $\mathbb{R}$ bekanntlich nicht jedes Polynom eine Nullstelle hat bzw. in Linearfaktoren zerfällt.

In der Bemerkung 3.2.5 haben wir bereits ein Beispiel einer (2×2)-Matrix betrachtet, deren charakteristisches Polynom keine reellen Nullstellen besitzt. Eine solche Matrix beschreibt geometrisch eine Drehung in der Ebene, nämlich um eine Richtung senkrecht zu dieser, weshalb Vektoren dieser Richtung nicht Teil der Ebene sind.

Im Prinzip ist dieses Beispiel auch eine Art von Nukleus für allgemeine orthogonale Endmorphismen auf einem euklidischen $\mathbb{K}$-Vektorraum, deren Matrizen die folgende Form besitzen können:

Satz 4.3.3.
Es seien V ein endlich dimensionaler $\mathbb{K}$-Vektorraum und T ein orthogonaler Endomorphismus auf V. Dann existiert eine Basis $\mathcal{B}$ von V, sodass die darstellende Matrix $\mathcal{A}_T$ von T die Gestalt

$$\mathcal{A}_T = \begin{pmatrix} 1 & 0 & \dots & \dots & \dots & \dots & \dots & \dots & \dots & \dots & 0 \\ 0 & \ddots & \ddots & \dots & \dots & \dots & \dots & \dots & \dots & \dots & \vdots \\ \vdots & \ddots & \ddots & \ddots & \dots & \dots & \dots & \dots & \dots & \dots & \vdots \\ 0 & \dots & 0 & 1 & 0 & \dots & \dots & \dots & \dots & \dots & 0 \\ 0 & \dots & \dots & 0 & -1 & 0 & \dots & \dots & \dots & \dots & 0 \\ \vdots & \dots & \dots & \dots & \ddots & \ddots & \ddots & \dots & \dots & \dots & \vdots \\ 0 & \dots & \dots & \dots & \dots & 0 & -1 & 0 & \dots & \dots & 0 \\ 0 & \dots & \dots & \dots & \dots & \dots & 0 & \mathcal{C}_1 & 0 & \dots & 0 \\ \vdots & \dots & \dots & \dots & \dots & \dots & \dots & \ddots & \ddots & \ddots & \vdots \\ \vdots & \dots & \dots & \dots & \dots & \dots & \dots & \dots & \ddots & \ddots & 0 \\ 0 & \dots & \dots & \dots & \dots & \dots & \dots & \dots & \dots & 0 & \mathcal{C}_k \end{pmatrix} \tag{4.13}$$

hat, wobei für $i = 1, \dots, k$ gilt:

$$\mathcal{C}_i = \begin{pmatrix} \cos(\alpha_i) & \sin(\alpha_i) \\ -\sin(\alpha_i) & \cos(\alpha_i) \end{pmatrix} \in \mathrm{SO}(2) \text{ mit } \alpha_i \in]0, 2\pi[\setminus \{\pi\} \tag{4.14}$$

Alle, die den Beweis zu Satz 4.3.3 nachvollziehen möchten, seien z. B. auf [Brie2], [Kow] oder [Fi1] verwiesen.

Satz 4.3.3 sagt damit aus, dass man eine orthogonale Abbildung immer mit einer geeigneten ONB durch eine Matrix $\mathcal{A}_T$ der Gestalt (4.13) darstellen kann.
In $\mathcal{A}_T$ nehmen die (2×2)-Matrizen aus SO(2) eine zentrale Bedeutung ein. So besitzt zum einen eine Matrix $\mathcal{A}_T$ aus der SO(2) nach Satz 4.3.3 die Darstellung einer Submatrix wie in (4.14) und zum anderen bilden sie eine abelsche Gruppe bzgl. der Matrizenmultiplikation.
Die Matrizen der Gruppe SO(2) (Drehgruppe) verhalten sich auch in der Darstellung (4.14) als Elemente der Drehgruppe bezüglich der Matrizenmultiplikation kommutativ.

Satz 4.3.4.
Die Drehgruppe SO(2) *ist kommutativ und sind* $T_1, T_2 \in \mathrm{SO}(2)$ *mit entsprechenden Drehwinkeln* α *bzw.* β *positiv orientiert* [3], *so ist* $T_2 \circ T_1$ *eine Drehung um den Winkel* $\alpha + \beta$ *modulo* 2π.

Beweis.
Die erste Behauptung ist bereits bewiesen.
Die zweite ergibt sich aufgrund folgender Rechnung:
Seien $\mathcal{A}_{T_1}, \mathcal{A}_{T_2} \in M(2 \times 2, \mathbb{R})$, so folgt für $\mathcal{A} = \mathcal{A}_{T_1} \cdot \mathcal{A}_{T_2}$

$$\begin{aligned} \mathcal{A} &= \begin{pmatrix} \cos(\alpha) & \sin(\alpha) \\ -\sin(\alpha) & \cos(\alpha) \end{pmatrix} \cdot \begin{pmatrix} \cos(\beta) & \sin(\beta) \\ -\sin(\beta) & \cos(\beta) \end{pmatrix} \\ &= \begin{pmatrix} \cos(\alpha+\beta) & \sin(\alpha+\beta) \\ -\sin(\alpha+\beta) & \cos(\alpha+\beta) \end{pmatrix} \end{aligned}$$

Wobei wir die Additionstheoreme für sin und cos verwendet haben:

$$\begin{aligned} \cos(\alpha \pm \beta) &= \cos(\alpha)\cos(\beta) \mp \sin(\alpha)\sin(\beta) \\ \sin(\alpha \pm \beta) &= \sin(\alpha)\cos(\beta) \pm \sin(\beta)\cos(\alpha) \end{aligned}$$

Nun ist die Addition von Winkeln in den Argumenten von sin und cos kommutativ und die Aussage ist bewiesen. □

Wie werden Drehungen nun im $\mathbb{R}^3$ beschrieben?

Nach dem Satz 4.3.3 hat die darstellende Matrix $\mathcal{A}_T$ bzgl. einer geeigneten ONB eine Drehung T (d. h. bzgl. einer eigentlich orthogonalen Abbildung) z. B. die Form

$$\mathcal{A}_T(\alpha) = \begin{pmatrix} 1 & 0 & 0 \\ 0 & \cos(\alpha) & \sin(\alpha) \\ 0 & -\sin(\alpha) & \cos(\alpha) \end{pmatrix}$$

Wenn T nicht die Identität ist ($\mathcal{A}_T(\alpha = 0)$), lässt sich die Abbildung wie folgt formulieren. Wegen $\det(\mathcal{A}_T) = 1$ besitzt $\mathcal{A}_T$ den Eigenwert $\lambda = 1$. Die Eigenvektoren zum Eigenwert $\lambda = 1$ bilden die **Drehachse** D. Der zu D orthogonale Raum wird als die **Drehebene** bezeichnet. Der Winkel α ist bis auf die Drehrichtung ebenfalls durch Satz 4.3.3 bestimmt.

Diese Drehrichtung muss dann festgelegt werden. Es gilt somit die folgende Proposition.

[3] orientiert entgegen dem Uhrzeigersinn

Proposition 4.3.5.
Es sei T in einem 3-dimensionalen euklidischen Raum eine Drehung von der Identität verschieden. Dann sind durch T eine Drehachse und ein Drehwinkel α (bis auf die Orientierung/das Vorzeichen) eindeutig bestimmt.
Die Drehachse ist durch jeden Eigenvektor zum Eigenwert $\lambda = 1$ gegeben. Ist zudem zu einer ONB *die darstellende Matrix $\mathcal{A}_T$ gegeben, so gilt*

$$\cos(\alpha) = \frac{1}{2}\Big(\text{spur}(\mathcal{A}) - 1\Big) = \frac{1}{2}\Big(a_{11} + a_{22} + a_{33} - 1\Big)$$

Wenn man Drehungen im dreidimensionalen Raum betrachtet, so lassen sich diese als Drehungen der Punkte (gegeben durch Ortsvektoren in einem festen Koordinatensystem) betrachten oder als Drehungen der Basisvektoren eines Koordinatensystems bei festen Punkten im Raum.

Es ist möglich, eine beliebige Drehung eines orthonormalen Koordinatensystems auf die Hintereinanderausführung von drei Drehungen um zwei Koordinatenachsen zurückzuführen:

1. Drehung des Ausgangskoordinatensystems (xyz) um die z-Achse, gegen den Uhrzeigersinn um den Winkel α_1. Es ergibt sich das neue Koordinatensystem $(x'y'z)$.
2. Drehung des $(x'y'z)$-Koordinatensystems um die Achse x' gegen den Uhrzeigersinn um den Winkel α_2. Es ergibt sich das Koordinatensystem $(x'y''z')$. Hier ist die x'-Achse die Schnittgerade der xy- und der $x'y''$-Ebenen, die sogenannte **Knotenlinie**.
3. Im letzten Schritt wird das $(x'y''z')$-Koordinatensystem um die z'-Achse gegen den Uhrzeigersinn um den Winkel α_3 gedreht. Es entsteht das finale Koordinatensystem $(x''y'''z')$.

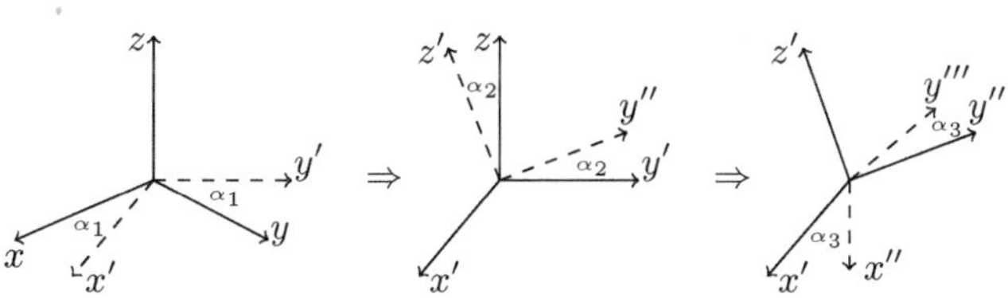

Abbildung 4.3: Eulerwinkel

Allgemein lässt sich damit formulieren:

Satz und Definition 4.3.5. *(Eulerwinkel)*
Gegeben sei eine Drehung $T \in \mathrm{End}(\mathbb{R}^3)$. *Sie werde in einer* ONB $\mathcal{B} = \{\vec{e}_1, \vec{e}_2, \vec{e}_3\}$ *durch eine Matrix* $\mathcal{A} \in M(3 \times 3, \mathbb{R})$ *dargestellt, für die gilt* $\mathcal{A} = \mathcal{C}_3 \cdot \mathcal{C}_2 \cdot \mathcal{C}_1$, *mit*

$$\begin{aligned}
\mathcal{C}_3 &= \begin{pmatrix} \cos(\alpha_3) & \sin(\alpha_3) & 0 \\ -\sin(\alpha_3) & \cos(\alpha_3) & 0 \\ 0 & 0 & 1 \end{pmatrix} \\
\mathcal{C}_2 &= \begin{pmatrix} 1 & 0 & 0 \\ 0 & \cos(\alpha_2) & \sin(\alpha_2) \\ 0 & -\sin(\alpha_2) & \cos(\alpha_2) \end{pmatrix} \\
\mathcal{C}_1 &= \begin{pmatrix} \cos(\alpha_1) & \sin(\alpha_1) & 0 \\ -\sin(\alpha_1) & \cos(\alpha_1) & 0 \\ 0 & 0 & 1 \end{pmatrix}
\end{aligned}$$

Dabei nennt man die Winkel $\alpha_1, \alpha_2, \alpha_3$ *die* **Eulerwinkel** *(auch Eulersche Winkel) der Drehung bezüglich der gegebenen Basis.*

Man beachte die Reihenfolge der Matrizen $\mathcal{C}_1$, $\mathcal{C}_2$, $\mathcal{C}_3$ und mache sich noch einmal klar, dass bei der Zerlegung in drei Drehungen, die angegebenen zwei linken Matrizen nicht die einzelnen Drehungen bezüglich der ursprünglichen ONB $\mathcal{B}$ darstellen.
Hat man nun eine **uneigentliche orthogonale Abbildung** T eines dreidimensionalen Raums (also dem $\mathbb{R}^3$) gegeben, so wird diese nach (4.13) bezüglicher einer ONB durch eine Matrix $\mathcal{A}_1 \in M(3 \times 3, \mathbb{R})$ dargestellt:

$$\mathcal{A}_1 = \mathcal{S}_1 \cdot \mathcal{C} = \begin{pmatrix} -1 & 0 & 0 \\ 0 & \cos(\alpha) & \sin(\alpha) \\ 0 & -\sin(\alpha) & \cos(\alpha) \end{pmatrix} \tag{4.15}$$

mit

$$\mathcal{S}_1 = \begin{pmatrix} -1 & 0 & 0 \\ 0 & 1 & 0 \\ 0 & 0 & 1 \end{pmatrix} \text{ und } \mathcal{C} \begin{pmatrix} 1 & 0 & 0 \\ 0 & \cos(\alpha) & \sin(\alpha) \\ 0 & -\sin(\alpha) & \cos(\alpha) \end{pmatrix}$$

Zusammenfassend kann man sagen

Satz 4.3.6.
Ein uneigentlicher orthogonaler Endomorphismus in einem dreidimensionalen $\mathbb{R}$-*Vektorraum setzt sich aus einer Drehung und einer Spiegelung an der Drehebene zusammen.*

4.3.1 Kurzaufgaben zum Verständnis

1. Sind $\mathcal{A}, \mathcal{B}$ zwei orthogonale $(n \times n)$-Matrizen, dann ist auch $\mathcal{A} \cdot \mathcal{B}$ immer eine orthogonale Matrix.

   □ wahr □ falsch

2. Jede Matrix $\mathcal{A} \in \mathrm{O}(n)$ ist diagonalisierbar.

   □ wahr □ falsch

3. Ist $\mathcal{A} \in \mathrm{U}(n)$, so bilden die Spaltenvektoren eine ONB des $\mathbb{C}^n$.

   □ wahr □ falsch

4. Sind $\mathcal{A}, \mathcal{B} \in \mathrm{SO}(2)$, so gilt $\mathcal{A} \cdot \mathcal{B} = \mathcal{B} \cdot \mathcal{A}$.

   □ wahr □ falsch

5. Ist $\mathcal{A} \in \mathrm{O}(3)$ mit $\det(\mathcal{A})$, so stellt $\mathcal{A}$ einen Endomorphismus dar, der sich aus einer Drehung und Achsenspiegelung zusammensetzt.

   □ wahr □ falsch

6. Ist $\mathcal{A} \in \mathrm{O}(n)$ ein eigentlicher orthogonaler Endomorphismus, so ist er eine Drehung mit einem einzigen festen Winkel.

   □ wahr □ falsch

4.3.2 Übungen

Lösungsvideos zu den Übungen können auf www.lsgn24h.de über die Eingabe des Lösungscodes abgerufen werden.

Kl A:

1. Rechnen Sie Proposition 4.3.5 an einem Beispiel nach.

(Lösungscode: SB03OT0A001)

2. Bestimmen Sie, ob die folgenden Matrizen Elemente aus $O(n)$, $SO(n)$ oder $U(n)$ sind ($n = 2, 3; i^2 = -1$)

$$\mathcal{E}_n\,, \begin{pmatrix} 1 & 1 \\ 1 & 2 \end{pmatrix}, \begin{pmatrix} \frac{1}{2} & \frac{\sqrt{3}}{2} \\ -\frac{\sqrt{3}}{2} & \frac{1}{2} \end{pmatrix}, \begin{pmatrix} i & -i & 2 \\ i & -i & 1 \\ 1 & -1-i & 0 \end{pmatrix},$$

$$\frac{1}{4} \cdot \begin{pmatrix} 2+\sqrt{3} & -2+\sqrt{3} & -\sqrt{2} \\ -2+\sqrt{3} & 2+\sqrt{3} & -\sqrt{2} \\ \sqrt{2} & \sqrt{2} & 2\sqrt{3} \end{pmatrix}$$

(Lösungscode: SB03OT0A002)

3. Verändern Sie den Betrag der Spaltenvektoren in folgender Matrix $\mathcal{A}$ so, dass für die entstehende Matrix $\mathcal{A}^*$ gilt: $\mathcal{A}^* \in U(3)$ ($i^2 = -1$).

$$\mathcal{A} = \begin{pmatrix} -i & i & -1 \\ -i & i & 1 \\ 2i & i & 0 \end{pmatrix}$$

(Lösungscode: SB03OT0A003)

4. Drehen Sie den Vektor $(1, 2, 5)^T \in \mathbb{R}^3$ um die x-Achse um $30°$, dann um die y-Achse um $45°$ und anschließend um die z-Achse um $60°$, jeweils gegen den Uhrzeigersinn. Formulieren Sie dazu die notwendigen Drehmatrizen und berechnen Sie das Ergebnis.

(Lösungscode: SB03OT0A004)

Kl B:

1. Die folgende Darstellung zeigt einen Punkt P in einem kartesischen Koordinatensystem (xy) und einem dazu um den Winkel φ gedrehten Koordinatensystem $(x'y')$.

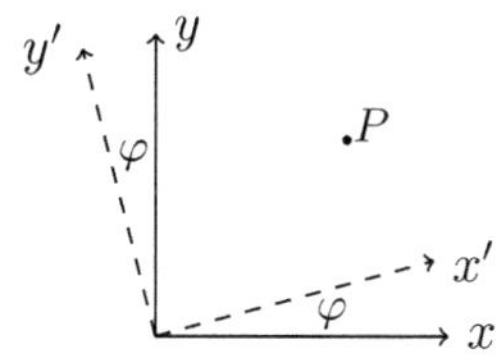

Abbildung 4.4: Drehung des Koordinatensystems

Bestimmen Sie die Drehmatrix aus dem LGS welches die Koordinaten von P im $(x'y')$-System aus denen des (xy)-Systems berechnet.

(Lösungscode: SB03OT0B001)

2. Im $\mathbb{R}^2$ sei T_1 eine Drehung und T_2 eine Spiegelung an einer Achse. Zeigen Sie:

$$T_2 \circ T_1 = T_1^{-1} \circ T_2$$

(Lösungscode: SB03OT0B002)

3. Gegeben sei die folgende (3×3)-Matrix

$$\mathcal{A} = \begin{pmatrix} -\frac{1}{3} & \frac{2}{3} & -\frac{2}{3} \\ \frac{2}{3} & \frac{2}{3} & \frac{1}{3} \\ \frac{2}{3} & -\frac{1}{3} & -\frac{2}{3} \end{pmatrix}$$

(a) Zeigen Sie, dass $\mathcal{A}$ eigentlich orthogonal ist.

(Lösungscode: SB03OT0B003)

(b) Bestimmen Sie Drehachse und Drehwinkel der zugehörigen linearen Abbildung im $\mathbb{R}^3$ im Bezug zur kanonischen Basis $\{\vec{e}_1, \vec{e}_2, \vec{e}_3\}$.

(Lösungscode: SB03OT0B004)

4. Sei $V = \mathbb{R}^3$ mit der kanonischen Basis $\mathcal{B} = \{\vec{e}_1, \vec{e}_2, \vec{e}_3\}$ und dem Standardskalarprodukt versehen. Es sei $T \in \operatorname{End}(V)$ die Drehung mit Drehachse $\frac{1}{\sqrt{5}}(2\vec{e}_2 + \vec{e}_3)$ und dem Drehwinkel $\alpha = \frac{\pi}{2}$. Geben Sie die darstellende Matrix von T bezüglich der Basis $\mathcal{B}$ an.

(Lösungscode: SB03OT0B005)

5. Beweisen Sie Proposition 4.3.1

(Lösungscode: SB03OT0B006)

6. Beweisen Sie Proposition 4.3.2

(Lösungscode: SB03OT0B007)

Kl C:

1. Es sei $\mathcal{A} \in M(n \times n, \mathbb{R})$ eine orthogonale Matrix. Zeigen Sie, dass $|\operatorname{spur}(\mathcal{A})| = |\sum_{j=1}^{n} a_{jj}| \leq n$ gilt.

(Lösungscode: SB03OT0C001)

2. Zeigen Sie: Sind T_1 und T_2 Drehungen im $\mathbb{R}^3$, die jeweils nicht die Identität sind, so gilt $T_1 \circ T_2 = T_2 \circ T_1$, wenn entweder beide die gleiche Drehachse haben oder wenn Ihre Drehachsen aufeinander senkrecht stehen und die Drehwinkel gleich einem α sind.

(Lösungscode: SB03OT0C002)

3. Stellen Sie die Matrix

$$\mathcal{A} = \begin{pmatrix} 4 & -2 & 0 \\ 2 & 4 & 2 \\ 2 & 0 & -2 \end{pmatrix}$$

in der Form $\mathcal{A} = \mathcal{B} \cdot \mathcal{C}$ dar, wobei $\mathcal{B}$ eine symmetrische Matrix ist und $\mathcal{C}$ eine orthogonale.

(Lösungscode: SB03OT0C003)

Kl D:

1. Im $\mathbb{R}^3$ sei bzgl. der kanonischen Basis ein Endomorphismus $T \in \mathrm{End}(\mathbb{R}^3)$ durch die folgende Matrix dargestellt:

$$\mathcal{A} = \begin{pmatrix} \frac{1}{4}\sqrt{3}+\frac{1}{2} & \frac{1}{4}\sqrt{3}-\frac{1}{2} & -\frac{1}{4}\sqrt{2} \\ \frac{1}{4}\sqrt{3}-\frac{1}{2} & \frac{1}{4}\sqrt{3}+\frac{1}{2} & -\frac{1}{4}\sqrt{2} \\ \frac{1}{4}\sqrt{2} & \frac{1}{4}\sqrt{2} & \frac{1}{4}\sqrt{3} \end{pmatrix}$$

   (a) Zeigen Sie, dass T eine Drehung ist.

   (Lösungscode: SB03OT0D001)

   (b) Bestimmen Sie die Drehachse und den Drehwinkel.

   (Lösungscode: SB03OT0D002)

   (c) Berechnen Sie die Eulerschen Winkel und stellen Sie $\mathcal{A}$ als Produkt aus Drehmatrizen analog zu Satz 4.3.5 dar.

   (Lösungscode: SB03OT0D003)

2. In der Quantenmechanik wird die nichtrelativistische Theorie des Teilchenspins von Wolfgang Pauli für die folgenden zwei Spin-Vektoren

$$|\uparrow\rangle = \begin{pmatrix} 1 \\ 0 \end{pmatrix}, \ |\downarrow\rangle = \begin{pmatrix} 0 \\ 1 \end{pmatrix}$$

   mithilfe der nach ihm benannten Pauli-Matrizen formuliert:

$$\sigma_x = \begin{pmatrix} 0 & 1 \\ 1 & 0 \end{pmatrix}, \ \sigma_y = \begin{pmatrix} 0 & -i \\ i & 0 \end{pmatrix}, \ \sigma_z = \begin{pmatrix} 1 & 0 \\ 0 & -1 \end{pmatrix},$$

$$\mathcal{I} = \begin{pmatrix} 1 & 0 \\ 0 & 1 \end{pmatrix}$$

   (a) Zeigen Sie, dass die Pauli-Matrizen eine orthogonale Basis von $M(2 \times 2, \mathbb{C})$ bilden.

   (Lösungscode: SB03OT0D004)

   (b) Bestimmen Sie Kombinationen σ_- und σ_+ der Pauli-Matrizen, mit der Eigenschaft

$$\sigma_-|\uparrow\rangle = |\downarrow\rangle, \ \sigma_-|\downarrow\rangle = \vec{0}, \ \sigma_+|\uparrow\rangle = \vec{0}, \ \sigma_+|\downarrow\rangle = |\uparrow\rangle$$

   (Lösungscode: SB03OT0D005)

4.4 Selbstadjungierte Abbildungen

Eine besondere Bedeutung bei den adjungierten Abbildungen kommt den sogenannten *selbstadjungierten Abbildungen* zu, da sich aus diesen bezüglich des gegebenen Vektorraums unitäre Abbildungen erzeugen lassen, ein Umstand der insbesondere in der Quantenmechanik und in der Theorie der Drehmomente und -impulse von besonderer Relevanz ist.
Betrachten wir für den Einstieg erneut einen euklidischen (unitären) Vektorraum V mit dem Skalarprodukt $\langle \cdot, \cdot \rangle_V$. Zu einer endomorphen Abbildung

$$T : V \longrightarrow V$$

kann man nach Satz 4.2.6 den Dualraum V^* mit V identifizieren und es gilt

$$T^* : V \longrightarrow V$$

Dann definieren wir:

Definition 4.4.1. *(selbstadjungierte Abbildung)*
Gegeben seien ein euklidischer (unitärer) Raum V und eine lineare Abbildung $T \in \mathrm{End}(V)$. Man nennt T **selbstadjungiert**, *wenn*

$$T = T^*$$

Sofort kann man nach Satz 4.2.7 für selbstadjungierte Abbildungen $T : V \longrightarrow V$ folgende äquivalente Bedingung formulieren:

$$\langle T(\vec{v}), \vec{w} \rangle_V = \langle \vec{v}, T(\vec{w}) \rangle_V \quad \forall \vec{v}, \vec{w} \in V. \tag{4.16}$$

In endlich dimensionalen euklidischen Vektorräumen findet sich, dass die darstellende Matrix einer selbstadjungierten Abbildung eine besondere Eigenschaft aufweist:

Satz 4.4.1.
Es seien V ein endlich dimensionaler euklidischer Vektorraum, $\mathcal{B}$ eine ONB *von V und $T \in \mathrm{End}(V)$. Dann sind folgenden Aussagen äquivalent:*

1. *T ist selbstadjungiert.*
2. *Die darstellende Matrix $\mathcal{A}_T$ von T in der* ONB *$\mathcal{B}$ ist symmetrisch.*

Satz 4.4.1 gilt also in beide Richtungen, sodass zu jeder symmetrischen Matrix $\mathcal{A}$ welche von V nach V abbildet auch eine selbstadjungierte Abbildung aus der Menge der Endomorphismen auf V gehört.

Zu einer selbstadjungierten Abbildung T existiert also eine darstellende symmetrische Matrix $\mathcal{A}_T$ bzgl. einer ONB. Dann kann man sogar von T auf die ONB zurückrechnen.

Satz 4.4.2.
Seien V ein endlich dimensionaler euklidischer (unitärer) Vektorraum und $T \in \mathrm{End}(V)$ selbstadjungiert. Dann besitzt V eine ONB *bestehend aus Eigenvektoren von T.*

Und mit den uns bekannten Eigenschaften von symmetrischen Abbildungen folgt die Faktorisierung des charakteristischen Polynoms von T:

Lemma 4.4.1.
Es sei V ein euklidischer (unitärer) Vektorraum, $\dim(V) = n$.
Ist $T \in \mathrm{End}(V)$ selbstadjungiert, so gilt

$$p_T(\lambda) = (-1)^n \cdot (\lambda - \lambda_1) \cdot \ldots \cdot (\lambda - \lambda_n),\ \lambda_i \in \mathbb{R},\ i = 1, \ldots, n$$

Wie wir es bereits bei den orthogonalen bzw. unitären Matrizen gesehen haben, so sind auch selbstadjungierte Endomorphismen bzw. symmetrische Matrizen diagonalisierbar. Letzteres hatten wir bereits in Satz 3.2.4 festgestellt. Hier werden wir diesen Zusammenhang noch einmal allgemein formulieren.

Korollar 4.4.1.
Jeder selbstadjungierte Endomorphismus auf einem endlich dimensionalen euklidischen (bzw. unitären) $\mathbb{K}$-Vektorraum ist diagonalisierbar.

Für die Formulierung, wie sich die Aussage von Korollar 4.4.1 auf die zugehörige Darstellung durch der Matrizen überträgt, erinnern wir an die hermiteschen Matrizen (siehe Definition 4.1.2) und erhalten:

Korollar 4.4.2.
Jede symmetrische Matrix $\mathcal{A} \in M(n \times n, \mathbb{R})$ (bzw. hermitesche Matrix $\mathcal{A} \in M(n \times n, \mathbb{C})$) ist diagonalisierbar, d. h., es gibt eine orthogonale (bzw. unitäre) Matrix $\mathcal{C} \in \mathrm{O}(n)$ (bzw. $\mathcal{C} \in \mathrm{U}(n)$) und eine Diagonalmatrix $\mathcal{D} \in M(n \times n, \mathbb{R})$, sodass

$$\mathcal{C}^T \cdot \mathcal{A} \cdot \mathcal{C} = \mathcal{D}$$

Dabei stehen in der Diagonalen von $\mathcal{D}$ die reellen Eigenwerte $\lambda_1, \ldots, \lambda_n$ von $\mathcal{A}$.

Dass nach Korollar 4.4.2 hermitesche Matrizen reelle Eigenwerte besitzen, ist ein Umstand, der insbesondere in den Beschreibungen der Quantenmechanik Verwendung findet, wo Messgrößen (Observablen) unter anderem als Eigenwerte hermitescher Abbildungen gegeben sind.

Allerdings können selbstadjungierte Abbildungen mit deren Darstellungen durch symmetrische (hermitesche) Matrizen noch mehr, denn selbstadjungierte Abbildungen erzeugen eine Zerlegung des zugrundeliegenden euklidischen (unitären) Vektorraums V (siehe auch Satz 3.2.1).

Proposition 4.4.1.
Es seien V ein n-dimensionaler euklidischer (bzw. unitärer) $\mathbb{K}$-Vektorraum und $T \in \operatorname{End}(V)$ selbstadjungiert. Dann existiert eine Zerlegung

$$V = \operatorname{Eig}(T, \lambda_1) \oplus \ldots \oplus \operatorname{Eig}(T, \lambda_k)$$

wobei $\lambda_1, \ldots, \lambda_k \in \mathbb{R}$ die paarweise verschiedenen Eigenwerte von T und die Eigenräume paarweise orthogonal zueinander sind.

Beweis.
Nach Satz 3.2.1 wissen wir, dass V die direkte Summe der Eigenräume ist. Wir müssen noch zeigen, dass die Eigenräume aufeinander senkrecht stehen. Seien als $i, j = 1, \ldots, k$ mit $i \neq j$. Wir wählen $\vec{v} \in \operatorname{Eig}(T, \lambda_i)$ und $\vec{w} \in \operatorname{Eig}(T, \lambda_j)$ mit $\vec{v} \neq \vec{0} \neq \vec{w}$. Dann gilt

$$\begin{aligned} \lambda_i \langle \vec{v}, \vec{w} \rangle &= \langle \lambda_i \vec{v}, \vec{w} \rangle = \langle T(\vec{v}), \vec{w} \rangle = \langle \vec{v}, T(\vec{w}) \rangle \\ &= \langle \vec{v}, \lambda_j \vec{w} \rangle = \overline{\lambda_j} \langle \vec{v}, \vec{w} \rangle = \lambda_j \langle \vec{v}, \vec{w} \rangle \end{aligned}$$

Also gilt $(\lambda_i - \lambda_j)\langle \vec{v}, \vec{w} \rangle = 0$ und damit $\langle \vec{v}, \vec{w} \rangle$, da $\lambda_i \neq \lambda_j$. Somit sind die Vektoren orthogonal zueinander und damit auch die Eigenräume. □

Bemerkung 4.4.1.
Vergleicht man Proposition 4.4.1 mit Korollar 4.3.2, so könnte man meinen, dass in Proposition 4.4.1 die Aussage aus dem Korollar nur wiederholt wurde. Der Unterschied zwischen Proposition 4.4.1 und Korollar 4.3.2 besteht in der Selbstadjungiertheit der Abbildung in Proposition 4.4.1. Im Prinzip sind beide Aussagen parallel zu lesen. Allerdings sind die Eigenwerte bei den orthogonalen Abbildungen allgemein in $\mathbb{C}$, während sie bei den selbstadjungierten bereits reell sind.

Wie wir sehen, nehmen die selbstadjungierten Abbildungen eine Sonderrolle unter den linearen Abbildungen ein. Man findet selbstadjungierte Abbildungen in den Anwendungen sowohl in der Physik als auch in der technischen Mechanik.
Dabei werden auch Hintereinanderausführungen betrachtet, weshalb der folgende Satz einige wichtige Anwendungen besitzt.

Satz 4.4.3.
Es seien V ein n-dimensionaler euklidischer (bzw. unitärer) $\mathbb{K}$-Vektorraum und $T_1, \dots, T_m \in \mathrm{End}(V)$ selbstadjungierte (bzw. unitäre) Endomorphismen. Dann sind folgende Aussagen äquivalent:

1. *Es existiert eine ONB $\mathcal{B} = \{\vec{e}_1, \dots, \vec{e}_n\}$ von V, sodass die Vektoren $\{\vec{e}_1, \dots, \vec{e}_n\}$ gleichzeitig für alle T_i, $i = 1, \dots, m$ Eigenvektoren sind, d. h. die T_i sind mit derselben Basis diagonalisierbar.*

2. *Es gilt für alle $i, j = 1, \dots, m$:*

$$T_i \circ T_j = T_j \circ T_i,$$

d. h. die Endomorphismen kommutieren miteinander.[4]

Satz 4.4.3 lässt sich sofort für Matrizen erweitern.

Korollar 4.4.3.
Es sei V ein n-dimensionaler euklidischer (bzw. unitärer) $\mathbb{K}$-Vektorraum. Sind $\mathcal{A}_1, \dots, \mathcal{A}_m \in M(n \times n, \mathbb{K})$ symmetrisch (bzw. hermitesch oder unitär) und gilt $\mathcal{A}_i \cdot \mathcal{A}_j = \mathcal{A}_j \cdot \mathcal{A}_i$ für $i, j = 1, \dots, m$, so gibt es eine orthogonale (bzw. unitäre) Matrix $\mathcal{S}$, sodass

$$\mathcal{D}_i = \mathcal{S}^T \cdot \mathcal{A}_i \cdot \mathcal{S}$$

eine Diagonalmatrix ist für alle $i = 1, \dots, m$.

Mit den selbstadjungierten Abbildungen sind die sogenannten *anti-selbstadjungierten* Abbildungen verwandt, bei denen die Vorsilbe „anti" auf einen Vorzeichenwechsel in deren Definition hinweist.

Definition 4.4.2. *(anti-selbstadjungierte Abbildung)*
Es sei V ein euklidischer (unitärer) Vektorraum. Einen Endomorphismus $T \in \mathrm{End}(V)$ nennt man **anti-selbstadjungierte Abbildung**, *wenn*

$$\langle T(\vec{x}), \vec{y} \rangle = -\langle \vec{x}, T(\vec{y}) \rangle \text{ für alle } \vec{x}, \vec{y} \in V$$

Die Bedeutung dieser Abbildungen ergibt sich daraus, dass Sie zusammen mit den adjungierten Abbildungen eine Zerlegung von Endomorphismen T auf V ermöglichen, was die nachfolgenden zwei Sätze formulieren.

---

[4] Ein Beweis des Satzes findet sich z. B. bei [Fil].

Satz 4.4.4.
Es seien V ein euklidischer (unitärer) $\mathbb{K}$-Vektorraum und $T \in \mathrm{End}(V)$ anti-selbstadjungiert. Dann gilt für den Realteil von T

$$\mathrm{Re}(\langle T(\vec{x}\,), \vec{x}\,\rangle) = 0 \text{ für alle } \vec{x} \in V \tag{4.17}$$

Bemerkung 4.4.2.
Ist V lediglich ein euklidischer $\mathbb{K}$-Vektorraum, so ist T genau dann anti-selbstadjungiert, wenn

$$\langle T(\vec{x}\,), \vec{x}\,\rangle = 0\,,\ \forall\, \vec{x} \in V,$$

d. h., wenn das Bild von $\vec{x}$ unter T immer orthogonal zum Urbild $\vec{x}$ ist.

Satz 4.4.5.
Es seien V ein Vektorraum über $\mathbb{K}$, $T \in \mathrm{End}(V)$ und T^* die zu T duale Abbildung. Dann existiert eine eindeutige Zerlegung

$$T = T_1 + T_2$$

mit $T_1 \in \mathrm{End}(V)$ selbstadjungiert und $T_2 \in \mathrm{End}(V)$ anti-selbstadjungiert. Für die Zerlegung gilt:

$$T_1 = \frac{1}{2}(T + T^*) \text{ und } T_2 = \frac{1}{2}(T - T^*) \tag{4.18}$$

Wir haben gesehen, dass es zu jeder selbstadjungierte Abbildung T eine Zerlegung des zugrundeliegenden endlich dimensionalen Vektorraums in Eigenräume möglich ist. Oder alternativ ausgedrückt für Matrizen: Jede symmetrische (bzw. hermitesche) Matrix ist diagonalisierbar. So bleibt abschließend die Frage offen, ob dies charakterisierend ist. Hier geben wir eine kurze Antwort, die dieses Buch beendet.

Satz 4.4.6.

1. *Ist $T \in \mathrm{End}(V)$ ein Endomorphismus auf einem endlich dimensionalen unitären Vektorraum, so sind folgende Aussagen äquivalent:*
   (a) *T ist* **normal**, *d. h. $T \circ T^* = T^* \circ T$.*
   (b) *Es existiert eine ONB von V aus Eigenvektoren.*
2. *Für eine Matrix $\mathcal{A} \in M(n \times n, \mathbb{C})$ sind folgende Aussagen äquivalent:*
   (a) *$\mathcal{A}$ ist normal, d. h. $\mathcal{A} \cdot \overline{\mathcal{A}}^T = \overline{\mathcal{A}}^T \cdot \mathcal{A}$.*
   (b) *Es existiert eine Matrix $\mathcal{S} \in U(n)$, sodass $\overline{\mathcal{S}}^T \cdot \mathcal{A} \cdot \mathcal{S}$ eine Diagonalmatrix ist.*

Für einen Beweis von Satz 4.4.6 siehe [Fil] und für Satz 4.4.5 siehe [Kow].

4.4.1 Kurzaufgaben zum Verständnis

1. Sind $\mathcal{A}, \mathcal{B}$ zwei symmetrische $(n \times n)$-Matrizen, dann ist auch $\mathcal{A} \cdot \mathcal{B}$ immer eine symmetrische Matrix.

   □ wahr □ falsch

2. Jede reelle symmetrische $(n \times n)$-Matrix $\mathcal{A}$ hat n reelle Eigenwerte.

   □ wahr □ falsch

3. Ist V ein euklidischer Vektorraum und $T \in \mathrm{End}(V)$, so kann man eindeutig T als Summe eines selbstadjungierten und eines antiselbstadjungierten Endomorphismus darstellen.

   □ wahr □ falsch

4. Ist V ein endlich dimensionaler euklidischer Raum und $T \in \mathrm{End}(V)$ selbstadjungiert, so findet man eine ONB $\mathcal{B}$, sodass T durch eine Diagonalmatrix dargestellt werden kann.

   □ wahr □ falsch

5. Sind V ein euklidischer Raum und $T_1, T_2 \in \mathrm{End}(V)$, so ist $T_1 \circ T_2$ genau dann selbstadjungiert, wenn V endlich dimensional ist.

   □ wahr □ falsch

6. Sind $T_1, T_2 \in \mathrm{End}(V)$, so gilt $T_1 \circ T_2 = T_2 \circ T_1$ genau dann, wenn T_1 und T_2 dieselben Eigenvektoren haben.

   □ wahr □ falsch

7. Jeder selbstadjungierte Endomorphismus ist normal.

   □ wahr □ falsch

8. Ist $\mathcal{A} \in M(n \times n, \mathbb{C})$ eine normale Matrix. Dann ist $\mathcal{A}$ zu einer Diagonalmatrix ähnlich.

   □ wahr □ falsch

4.4.2 Übungen

Lösungsvideos zu den Übungen können auf www.lsgn24h.de über die Eingabe des Lösungscodes abgerufen werden.

Kl A:

1. Gegeben sei die (3×3)-Matrix

$$\mathcal{M} = \begin{pmatrix} 1 & 0 & 0 \\ 0 & 0 & -1 \\ 0 & 1 & 0 \end{pmatrix}$$

   (a) Welcher Menge $(\mathrm{O}(n), \mathrm{SU}(n), \ldots)$ gehört die Matrix $\mathcal{M}$ an?

   (Lösungscode: SB03SO0A001)

   (b) Zeigen Sie, dass in $\mathbb{K} = \mathbb{R}$ die Matrix $\mathcal{M}$ nicht zu einer Diagonalmatrix ähnlich ist.

   (Lösungscode: SB03SO0A002)

   (c) Zeigen Sie, dass in $\mathbb{K} = \mathbb{C}$ die Matrix $\mathcal{M}$ zu einer Diagonalmatrix $\mathcal{D}$ ähnlich ist.

   (Lösungscode: SB03SO0A003)

   (d) Geben Sie für $\mathbb{K} = \mathbb{C}$ die Darstellung $\mathcal{B}^{-1} \cdot \mathcal{M} \cdot \mathcal{B} = \mathcal{D}$ an, d. h., bestimmen Sie $\mathcal{B}, \mathcal{B}^{-1}$ und die Diagonalmatrix $\mathcal{D}$.

   (Lösungscode: SB03SO0A004)

2. Bestimmen Sie zu

$$\mathcal{A} = \begin{pmatrix} 1 & 0 & -1 \\ 1 & 2 & 1 \\ -1 & -1 & 1 \end{pmatrix}$$

   das charakteristische Polynom und zeigen Sie, dass $\mathcal{A}$ für $\mathbb{K} = \mathbb{C}$ nicht zu einer Diagonalmatrix ähnlich ist.

   (Lösungscode: SB03SO0A005)

3. Zeigen Sie, dass eine unitäre Abbildung T genau dann selbstadjungiert ist, wenn $T \circ T = T$ gilt.

   (Lösungscode: SB03SO0A006)

Kl B:

1. Es seien V ein endlich dimensionaler euklidischer Vektorraum und $S, T \in \text{End}(V)$. Zeigen Sie, dass dann gilt:

   (a) $(T \circ S)^* = S^* \circ T^*$

   (Lösungscode: SB03SO0B001)

   (b) $(T \circ T^*)^* = T \circ T^*$, $(T^* \circ T)^* = T^* \circ T$

   (Lösungscode: SB03SO0B002)

   (c) Ist T orthogonal so folgt $T^* = T^{-1}$

   (Lösungscode: SB03SO0B003)

2. Gegeben sei ein Endomorphismus $T \in \text{End}(V)$ mit $V = \mathbb{R}^3$. T sei bezüglich der kanonischen Basis durch $\mathcal{M} \in M(3 \times 3, \mathbb{R})$ dargestellt, mit

$$\mathcal{M} = \begin{pmatrix} 1 & 2 & 3 \\ 2 & 0 & 2 \\ 3 & 2 & 1 \end{pmatrix}$$

   (a) Welche Eigenschaft hat der Endomorphismus T.

   (Lösungscode: SB03SO0B004)

   (b) Bestimmen Sie die Eigenwerte und Eigenvektoren.

   (Lösungscode: SB03SO0B005)

   (c) Bestimmen Sie ein $\mathcal{B} \in \text{O}(3)$, sodass $\mathcal{B}^T \cdot \mathcal{M} \cdot \mathcal{B}$ eine Diagonalmatrix ist.

   (Lösungscode: SB03SO0B006)

3. Sei $\mathcal{A} \in M(n \times n, \mathbb{K})$ symmetrisch (oder hermitesch) und positiv definit.

   (a) Dann besitzen $\mathcal{A}$ und $\mathcal{A}^2$ dieselben Eigenvektoren und die Eigenwerte von $\mathcal{A}^2$ sind die Quadrate der Eigenwerte von $\mathcal{A}$.

   (Lösungscode: SB03SO0B007)

   (b) Formulieren Sie die Aussage aus (a) für selbstadjungierte Endomorphismen T eines endlich dimensionalen euklidischen (unitären) $\mathbb{K}$-Vektorraums V und beweisen Sie die Aussage.

   (Lösungscode: SB03SO0B008)

Kl C:

1. Zeigen Sie, dass für einen euklidischen (unitären) $\mathbb{K}$-Vektorraum V und einem anti-selbstadjungierten Endomorphismus $T \in \mathrm{End}(V)$ die Eigenwerte von T immer einen verschwindenden Realteil haben.

   (Lösungscode: SB03SO0C001)

2. Es seien V ein euklidischer (unitärer) $\mathbb{K}$-Vektorraum und T ein selbstadjungierter Endomorphismus mit $T \circ T = T$. Zeigen Sie, dass es zu jedem $\vec{x} \in V$ eine orthogonale Projektion $\vec{x}_T \in \mathrm{Im}(T)$ gibt, sodass $T(\vec{x}\,) = \vec{x}_T$ gilt.

   (Lösungscode: SB03SO0C002)

3. Es sei $\mathcal{A} \in M(2n \times 2n, \mathbb{K})$ eine schiefsymmetrische Matrix mit charakteristischem Polynom $p_{\mathcal{A}}(\lambda) = \sum_{j=0}^{2n} \alpha_j \lambda^j$.
   Dann gilt $a_j = 0$ falls $j = 2k+1,\ k = 0, \ldots, n-1$

   (Lösungscode: SB03SO0C003)

4. Zeigen Sie, dass für $\mathbb{K} = \mathbb{R}$ die $(n \times n)$-Matrizen

$$\mathcal{A} = \begin{pmatrix} 1 & 1 & 1 & \ldots & 1 \\ 1 & 1 & 1 & \ldots & 1 \\ \vdots & \vdots & \vdots & \ddots & \vdots \\ 1 & 1 & 1 & \ldots & 1 \end{pmatrix}, \mathcal{B} = \begin{pmatrix} n & 0 & 0 & \ldots & 0 \\ 0 & 0 & 0 & \ldots & 0 \\ \vdots & \vdots & \vdots & \ddots & \vdots \\ 0 & 0 & 0 & \ldots & 0 \end{pmatrix}$$

   ähnlich sind.

   (Lösungscode: SB03SO0C004)

5. Ein unitärer Endomorphismus $T \in \mathrm{End}(V)$ ist genau dann selbstadjungiert, wenn $T \circ T = \mathrm{id}$ gilt.

   (Lösungscode: SB03SO0C005)

Kl D:

1. Es sei V ein euklidischer Vektorraum der Dimension 2. Weiter sei $T \in \mathrm{End}(V)$ selbstadjungiert.

   (a) Es sei $\{\vec{v}_1, \vec{v}_2\}$ eine ONB von V. Zeigen Sie: Es existieren geeignete $\alpha, \beta, \gamma \in \mathbb{R}$, sodass

   $$T\begin{pmatrix} \vec{v}_1 \\ \vec{v}_2 \end{pmatrix} = \begin{pmatrix} \alpha & \beta \\ \beta & \gamma \end{pmatrix}\begin{pmatrix} \vec{v}_1 \\ \vec{v}_2 \end{pmatrix}$$

   (Lösungscode: SB03SO0D001)

   (b) Gegeben sei die Darstellung in (a). Zeigen Sie: Die Eigenwerte von T lauten:

   $$\lambda_{1,2} = \frac{\alpha + \gamma}{2} \pm \sqrt{\left(\frac{\alpha - \gamma}{2}\right)^2 + \beta^2}$$

   (Lösungscode: SB03SO0D002)

   (c) Zeigen Sie nun: Es existieren Unterräume $U_1, U_2 \subset V$, mit: $U_1 \oplus U_2 = V$, $U_1 \perp U_2$ und $\dim(U_1) = \dim(U_2) = 1$.

   Hinweis: Ist $\beta = 0$ so zeigen Sie:

   $$V = \mathbb{R} \cdot \vec{v}_1 \oplus \mathbb{R} \cdot \vec{v}_2 \quad \text{mit} \quad \mathbb{R} \cdot \vec{v} = \{a \cdot \vec{v}; a \in \mathbb{R}\}$$

   Andernfalls

   $$V = \mathbb{R} \cdot \left(\vec{v}_1 + \frac{\lambda_1 - \alpha}{\beta}\vec{v}_2\right) \oplus \mathbb{R} \cdot \left(\vec{v}_1 + \frac{\lambda_2 - \alpha}{\beta}\vec{v}_2\right)$$

   und verwenden Sie (a) und (b).

   (Lösungscode: SB03SO0D003)

2. Es sei V ein endlich dimensionaler euklidischer Raum.

   (a) Zeigen Sie, dass $T \in \mathrm{End}(V)$ genau dann anti-selbstadjungiert ist, wenn $\langle T(\vec{x}), \vec{x} \rangle = 0$ für alle $\vec{x} \in V$ gilt.

   (Lösungscode: SB03SO0D004)

   (b) Geben Sie eine hinreichende und notwendige Bedingung für die darstellende Matrix $\mathcal{A} \in M(n \times n, \mathbb{R})$ eines anti-selbstadjungierten $T \in \mathrm{End}(V)$ bezüglich einer gegebenen ONB an.

   (Lösungscode: SB03SO0D005)

(c) Man zeige, dass der Rang einer anti-selbstadjungierten Abbildung eine gerade Zahl ist.

(Lösungscode: SB03SO0D006)

(d) Zeigen Sie, dass zwei anti-selbstadjungierte Endomorphismen in einem 3-dimensionalen euklidischen Raum V mit identischem Kern bis auf einen konstanten Faktor übereinstimmen.

(Lösungscode: SB03SO0D007)

(e) Zeigen Sie, dass im Fall $n = 3$ zu jedem anti-selbstadjungierten $T \in \operatorname{End}(V)$ ein eindeutiges $\vec{a} \in V$ existiert, mit

$$\forall\, \vec{x} \in V :\; T(\vec{x}\,) = \vec{x} \times \vec{a}$$

(Lösungscode: SB03SO0D008)

(f) Zusatz zu (e): Sei $T \in \operatorname{End}(V)$ anti-selbstadjungiert mit darstellender Matrix $\mathcal{A} = (\alpha_{ij})_{n,n}$ so gilt

$$\vec{a} = \alpha_{32} \cdot \vec{e}_1 + \alpha_{13} \cdot \vec{e}_2 + \alpha_{21} \cdot \vec{e}_3$$

dabei ist $\{\vec{e}_1, \vec{e}_2, \vec{e}_3\}$ eine ONB mit $\det(\vec{e}_1\ \vec{e}_2\ \vec{e}_3) = 1$.

(Lösungscode: SB03SO0D009)

5. Probeklausuren

In diesem letzten Abschnitt präsentieren wir drei Probeklausuren zu den Inhalten dieses Buches. Diese Probeklausuren sollen eine Idee einer möglichen Klausur als Abschlussprüfung einer einsemestrigen Vorlesung darstellen.
Als Abschluss dieses Buches ist es sinnvoll, sich mit Hilfe dieser Probeklausuren selbst zu testen, sodass Sie für sich eine Antwort auf jede der folgenden Fragen finden können:

1. Welchen Anteil der jeweiligen Probeklausur konnte ich in der vorgegebenen Zeit lösen?
2. Welchen Anteil der jeweiligen Probeklausur konnte ich in der vorgegebenen Zeit noch nicht lösen?
3. Welche Informationen fehlten mir, um die Probeklausuren jeweils zu mindestens 70 % korrekt lösen zu können?
4. Lagen meine Schwierigkeiten eher im Bereich der Anwendung der Rechenmethodiken oder im Verständnis der Problemstellungen?
5. Welche Symbole habe ich noch nicht verstanden?
6. Welche Begriffe habe ich noch nicht verstanden?
7. In welchen Rechenmethodiken bin ich noch nicht sattelfest?
8. Welche Kapitel aus dem Buch sollte ich noch einmal wiederholen und durcharbeiten?
9. Welche Verständnisfragen aus dem Buch sollte ich noch einmal durcharbeiten?
10. Welche Übungen sollte ich noch einmal durcharbeiten?

G. Schlüchtermann und N. Mahnke, *Basiswissen Ingenieurmathematik Band 3*, https://doi.org/10.1007/978-3-658-39600-8_5

Bevor es losgeht, hier noch ein paar Tipps zum Umgang mit den Probeklausuren.

Planen Sie einen festen Zeitraum für die Probeklausuren ein, beginnend mit 10 min Vorbereitungszeit bevor Sie die Probeklausur schreiben und 10 min Nachbereitungszeit nachdem Sie die Probeklausur geschrieben haben. Eliminieren Sie alle möglichen Störungsquellen, um sich über die vorgegebene Bearbeitungszeit ungestört auf die Probeklausur konzentrieren zu können. So können Sie für den Zeitraum z. B. Ihr Smartphone und Ihren Computer ausschalten und für andere ein „Bitte nicht stören“ Schild an Ihre Zimmertür hängen. Seien Sie kreativ und Ihren persönlichen Umständen gegenüber angemessen.

Halten Sie Bearbeitungspapier, Stift und Zeichenmaterial bereit.

Es ist auch gut, immer etwas zu trinken griffbereit zu haben (nur nichtalkoholische Getränke) und manchem hat auch schon ein Gehörschutz zur Reduktion von Störgeräuschen geholfen. Es gibt zudem viele Bücher mit guten Tipps für die Klausurvorbereitung in ingenieurwissenschaftlichen Fächern.

Haben Sie sich und Ihre Umgebung gut vorbereitet, dann kann es losgehen. Auf den folgenden Seiten finden Sie die Probeklausuren:

Probeklausur 1

Bearbeitungsdauer : 60min	4 Aufgaben

WICHTIG:
Das Ergebnis allein zählt nicht. Der Rechenweg muß erkennbar sein!

Aufgabe 1 : Verständnisfragen

1. Sei $\mathcal{A}$ eine $(n \times n)$-Matrix (n gerade) der Form

$$\mathcal{A} = \begin{pmatrix} 0 & 0 & \cdots & 0 & a_{1n} \\ 0 & 0 & \cdots & a_{2(n-1)} & 0 \\ \vdots & \vdots & \ddots & \vdots & \vdots \\ 0 & a_{(n-1)2} & \cdots & 0 & 0 \\ a_{n1} & 0 & \cdots & 0 & 0 \end{pmatrix}.$$

Dann ist $\det(\mathcal{A})$ gleich

□ $a_{n1} \cdot a_{(n-1)2} \cdot \ldots \cdot a_{1n}$ □ $(-1) \cdot a_{n1} \cdot a_{(n-1)2} \cdot \ldots \cdot a_{1n}$

□ $(-1)^{\frac{n}{2}} \cdot a_{n1} \cdot a_{(n-1)2} \cdot \ldots \cdot a_{1n}$

2. Ist $\mathcal{A}$ eine (3×3)-Matrix mit $\det(\mathcal{A}) = -9$, dann ist das Volumen des Bildes des Einheitswürfels unter $\mathcal{A}$ gleich 9:

□ wahr □ falsch

3. Es gibt orthogonale Matrizen $\mathcal{A} \in M(n \times n, \mathbb{R})$, d. h. $\mathcal{A}^T = \mathcal{A}^{-1}$ mit $\det(\mathcal{A}) = 2$.

□ wahr □ falsch

4. Ist $\det(\mathcal{A}^2) = 1$, so ist $\mathcal{A}$ immer eine orthogonale Matrix.

□ wahr □ falsch

5. Ist $\det(\mathcal{A}) = 0$, so ist $\lambda = 0$ ein Eigenwert von $\mathcal{A}$.

□ wahr □ falsch

Aufgabe 2

Gegeben ist eine Matrix $\mathcal{A} \in M((2n+1) \times (2n+1), \mathbb{R})$ $(n \in \mathbb{N})$ mit $\mathcal{A} + \mathcal{A}^T = \mathcal{O}$ ($\mathcal{O}$ ist die Nullmatrix). Bestimmen Sie die Determinante $\det(\mathcal{A})$? Begründen Sie Ihre Antwort.

Aufgabe 3

Bestimmen Sie für $n = 6$ die Determinante der folgenden Matrix

$$\begin{pmatrix} 2 & 1 & 0 & \cdots & \cdots & \cdots & 0 \\ -3 & 2 & 1 & 0 & \cdots & \cdots & 0 \\ 0 & -3 & 2 & 1 & 0 & \cdots & 0 \\ \vdots & \ddots & \ddots & \ddots & \ddots & \ddots & \vdots \\ 0 & \cdots & 0 & -3 & 2 & 1 & 0 \\ 0 & \cdots & \cdots & 0 & -3 & 2 & 1 \\ 0 & \cdots & \cdots & \cdots & 0 & -3 & 2 \end{pmatrix} \in M(n \times n, \mathbb{R})$$

Aufgabe 4

Für die Matrix

$$A = \begin{pmatrix} 1 & 1 & 2 \\ 2 & 1 & -2 \\ 1 & 0 & 2 \end{pmatrix}$$

ist $\lambda_1 = 2$ ein Eigenwert. Ermitteln Sie die Eigenwerte λ_2, λ_3 sowie die zugehörigen Eigenvektoren ohne das Aufstellen des charakteristischen Polynoms.

(Lösungscode: SB03PB01060)

Probeklausur 2

Bearbeitungsdauer : 90min	5 Aufgaben

WICHTIG:
Das Ergebnis allein zählt nicht. Der Rechenweg muß erkennbar sein!

Aufgabe 1 : Verständnisfragen

1. Man kann zu allen $\mathcal{A} \in \mathrm{GL}(n)$ ein Skalarprodukt $\langle \cdot, \cdot \rangle$ auf $\mathbb{K}^n$ gemäß $\langle \vec{x}, \vec{y} \rangle = \vec{x}^T \cdot \mathcal{A} \cdot \vec{y}$ auf $\mathbb{K}^n$ bilden.

   □ wahr □ falsch

2. Sind V ein endlich dimensionaler euklidischer Vektorraum und $U \subset V$ ein Unterraum, so gilt immer $\dim(U) + \dim(U^{\perp}) = \dim(V)$.

   □ wahr □ falsch

3. Sind $\mathcal{A}$ und $\mathcal{B}$ symmetrische reelle $(n \times n)$-Matrizen, so hat $\mathcal{A} + \mathcal{B}$ immer n reelle Eigenwerte.

   □ falsch □ wahr

4. Ähnliche Matrizen haben dieselben Eigenwerte.

   □ wahr □ falsch

5. Eine reelle (5×5)-Matrix besitzt immer einen reellen Eigenwert.

   □ wahr □ falsch

6. Für jede reelle $(n \times n)$-Matrix $\mathcal{A}$ ist das Produkt der Eigenwerte gleich der $\det(\mathcal{A})$.

   □ wahr □ falsch

7. Ist V ein euklidischer Raum, so kann man zu jedem $\vec{v}^* \in V^*$ ein $\vec{v} \in V$ finden mit $\vec{v}^*(\vec{w}) = \langle \vec{v}, \vec{w} \rangle$ für alle $\vec{w} \in V$.

   □ wahr □ falsch

8. Jede Matrix $\mathcal{A} \in O(n)$ ist diagonalisierbar.

   □ wahr □ falsch

Aufgabe 2

Berechnen Sie die Determinante der folgenden Matrix:

$$\begin{pmatrix} 1 & 1 & 1 & 1 & 1 \\ 1 & 2 & 3 & 4 & 5 \\ -1 & 2 & -3 & 4 & -5 \\ 1 & -2 & -3 & 4 & 5 \\ 1 & 2 & -3 & -4 & 5 \end{pmatrix}$$

Aufgabe 3

Gegeben sei die Matrix

$$\mathcal{A} = \begin{pmatrix} 1 & 2 & 3 \\ 2 & 11 & 2 \\ 3 & 2 & 1 \end{pmatrix}$$

1. Berechnen Sie die Eigenwerte der Matrix.
2. Bestimmen Sie die Eigenvektoren $\vec{v}_1, \vec{v}_2$ und $\vec{v}_3$. Welche geometrische Eigenschaft haben die Eigenvektoren?
3. Geben Sie eine (3×3)-Matrix $\mathcal{B}$ an, sodass $\mathcal{B}^T \cdot \mathcal{A} \cdot \mathcal{B}$ eine Diagonalmatrix ist, deren Diagonalelemente die Eigenwerte darstellen.

Aufgabe 4

Stellen Sie die Matrix

$$\mathcal{A} = \begin{pmatrix} 4 & -2 & 0 \\ 2 & 4 & 2 \\ 2 & 0 & -2 \end{pmatrix}$$

in der Form $\mathcal{A} = \mathcal{B} \cdot \mathcal{C}$ dar, wobei $\mathcal{B}$ eine symmetrische und $\mathcal{C}$ eine orthogonale Matrix sind.

Aufgabe 5

Für Zahlen $x_1, \dots, x_n \in \mathbb{K}$ sei folgende Matrix definiert

$$\mathcal{A} = \begin{pmatrix} 1 & 1 & 1 & \dots & 1 \\ x_1 & x_2 & x_3 & \dots & x_n \\ x_1^2 & x_2^2 & x_3^2 & \dots & x_n^2 \\ \vdots & \vdots & \vdots & \ddots & \vdots \\ x_1^{n-1} & x_2^{n-1} & x_3^{n-1} & \dots & x_n^{n-1} \end{pmatrix}$$

Mittels vollständiger Induktion beweisen Sie mit Hilfe des Laplaceschen Entwicklungssatzes:

$$\det(\mathcal{A}) = \prod_{1 \leq j < k \leq n} (x_k - x_j)$$

(Lösungscode: SB03PB02090)

Probeklausur 3

Bearbeitungsdauer : 120min	6 Aufgaben

WICHTIG:
Das Ergebnis allein zählt nicht. Der Rechenweg muß erkennbar sein!

Aufgabe 1 : Verständnisfragen

1. Die Aussage „Die komplementäre Matrix ist immer eine Adjunkte." ist

   □ wahr □ falsch

2. Ist $\det(\mathcal{A}^2) = 1$, so ist $\mathcal{A}$ immer eine orthogonale Matrix.

   □ wahr □ falsch

3. Für jede reelle $(n \times n)$-Matrix $\mathcal{A}$ ist das Produkt der Eigenwerte gleich der $\det(\mathcal{A})$.

   □ wahr □ falsch

4. Sind $\mathcal{A}, \mathcal{B} \in \mathrm{SO}(2)$, so gilt $\mathcal{A} \cdot \mathcal{B} = \mathcal{B} \cdot \mathcal{A}$.

   □ wahr □ falsch

5. Ist λ_1 ein Eigenwert einer Matrix $\mathcal{A} \in M(n \times n, \mathbb{K})$ und λ_2 ein Eigenwert einer Matrix $\mathcal{B} \in M(n \times n, \mathbb{K})$, so gilt immer $\lambda_1 \cdot \lambda_2$ ist ein Eigenwert von $\mathcal{A} \cdot \mathcal{B}$.

   □ wahr □ falsch

6. Für jede reelle $(n \times n)$-Matrix $\mathcal{A}$ ist die Summe der reellen Eigenwerte gleich der $\mathrm{spur}(\mathcal{A})$.

   □ wahr □ falsch

Aufgabe 2

In $\mathbb{R}^3$ seien die linear unabhängigen Vektoren $\vec{a}, \vec{b}, \vec{c}$ und ein weiterer Vektor $\vec{r}$ gegeben. Zeigen Sie

1. $\langle(\vec{a} \times \vec{b}), \vec{c}\rangle \neq 0$.
2. Definiert man

$$x_1 = \frac{\langle(\vec{r} \times \vec{b}), \vec{c}\rangle}{\langle(\vec{a} \times \vec{b}), \vec{c}\rangle}, \quad x_2 = \frac{\langle(\vec{a} \times \vec{r}), \vec{c}\rangle}{\langle(\vec{a} \times \vec{b}), \vec{c}\rangle}, \quad x_3 = \frac{\langle(\vec{a} \times \vec{b}), \vec{r}\rangle}{\langle(\vec{a} \times \vec{b}), \vec{c}\rangle}$$

so zeigen Sie, dass dann gilt

$$x_1 \cdot \vec{a} + x_2 \cdot \vec{b} + x_3 \cdot \vec{c} = \vec{r}$$

Aufgabe 3

Es sei $\mathcal{A} \in \mathbb{K}^{n,n}$ eine $(n \times n)$-Matrix mit Einträgen in $\mathbb{K}$. Man definiere den so genannten *Rayleigh-Quotienten*

$$R(\vec{x}) = \frac{\overline{\vec{x}}^T \cdot \mathcal{A} \cdot \vec{x}}{\overline{\vec{x}}^T \cdot \vec{x}}, \quad \vec{x} \neq \vec{0},$$

wobei $\overline{\vec{x}}^T = (\overline{x}_1, \ldots, \overline{x}_n)$ der konjugiert komplexe und transponierte Vektor von $\vec{x} \in \mathbb{K}$ ist. Zeigen Sie:

1. Der Quotient ist *homogen*, d. h. für alle $\alpha \in \mathbb{K}, \alpha \neq 0$ und $\vec{x} \in \mathbb{K}^n \setminus \{\vec{0}\}$ gilt: $R(\alpha \cdot \vec{x}) = R(\vec{x})$.
2. Für alle Eigenvektoren $\vec{x}$ von $\mathcal{A}$ zum Eigenwert λ gilt: $R(\vec{x}) = \lambda$.
3. Ist $\mathcal{A}$ symmetrisch reell, so gilt für alle $\vec{x} \in \mathbb{R}^n$:

$$\min\{\lambda; \lambda \text{ ist EW von } \mathcal{A}\} \leq R(\vec{x}) \leq \max\{\lambda; \lambda \text{ ist EW von } \mathcal{A}\}$$ [1]

[1] EW: Eigenwert

Aufgabe 4

Gegeben sei die Matrix

$$\mathcal{A} = \begin{pmatrix} 0 & 0 & 2 & 0 \\ 0 & 0 & 0 & 2 \\ 2 & 0 & 0 & 0 \\ 0 & 2 & 0 & 0 \end{pmatrix}$$

Ist $\mathcal{A}$ diagonalisierbar? Wenn ja, geben Sie eine Matrix $\mathcal{P}$ an, so dass $\mathcal{P}^{-1} \cdot \mathcal{A} \cdot \mathcal{P}$ eine Diagonalmatrix ist. Kann man $\mathcal{P}$ orthogonal wählen? Wenn ja, geben Sie eine solche Matrix $\mathcal{P}$ an.

Aufgabe 5

Gegeben sei ein $T \in \mathrm{End}(V)$ mit $V = \mathbb{R}^3$ dargestellt bezüglich der kanonischen Basis durch $\mathcal{M} \in M(3 \times 3, \mathbb{R})$ mit

$$\mathcal{M} = \begin{pmatrix} 2 & 4 & 6 \\ 4 & 0 & 4 \\ 6 & 4 & 2 \end{pmatrix}$$

1. Welche Eigenschaft hat der Endomorphismus T.
2. Bestimmen Sie die Eigenwerte und Eigenvektoren.
3. Bestimmen Sie ein $\mathcal{B} \in O(3)$, sodass $\mathcal{B}^T \cdot \mathcal{M} \cdot \mathcal{B}$ eine Diagonalmatrix ist. Was steht in der Diagonalen?

Aufgabe 6

Sei $\mathcal{A} \in M(n \times n, \mathbb{K})$ symmetrisch (oder hermitesch) positiv definit. Zeigen Sie: Dann besitzen $\mathcal{A}$ und $\mathcal{A}^2$ dieselben Eigenvektoren und die Eigenwerte von $\mathcal{A}^2$ sind die Quadrate von $\mathcal{A}$.

(Lösungscode: SB03PB03120)

6. Antworten zu den Kurzaufgaben

Kurzaufgaben zum Verständnis 2.2.1

1. ☐ ☑
2. ☑ ☐
3. ☑ ☐
4. ☑ ☐
5. ☑ ☐ ☐
6. ☐ ☑ ☐

Kurzaufgaben zum Verständnis 2.4.5
Die Checkboxen von oben nach unten sind hier von links nach rechts dargestellt.

1. ☑ ☐
2. ☑ ☐
3. ☐ ☑
4. ☐ ☑
5. ☑ ☐
6. ☐ ☑
7. ☐ ☑

G. Schlüchtermann und N. Mahnke, *Basiswissen Ingenieurmathematik Band 3*, https://doi.org/10.1007/978-3-658-39600-8

Kurzaufgaben zum Verständnis 3.1.4

1. ☐ ☑
2. ☐ ☑ ☐
3. ☐ ☑
4. ☑ ☐
5. ☐ ☑
6. ☑ ☐
7. ☑ ☐
8. ☑ ☐

Kurzaufgaben zum Verständnis 3.2.4

1. ☑ ☐
2. ☑ ☐
3. ☑ ☐
4. ☐ ☑
5. ☑ ☐
6. ☐ ☑
7. ☐ ☑
8. ☑ ☐

Kurzaufgaben zum Verständnis 4.1.1

1. ☑ ☐
2. ☐ ☑
3. ☐ ☑
4. ☐ ☑
5. ☐ ☑
6. ☑ ☐
7. ☑ ☐ ☐

Kurzaufgaben zum Verständnis 4.2.1

1. ☑ ☐
2. ☐ ☑
3. ☑ ☐
4. ☑ ☐
5. ☐ ☑
6. ☑ ☐
7. ☑ ☐

Kurzaufgaben zum Verständnis 4.3.1

1. ☑ ☐
2. ☐ ☑
3. ☑ ☐
4. ☑ ☐
5. ☑ ☐
6. ☐ ☑

Kurzaufgaben zum Verständnis 4.4.1

1. ☐ ☑
2. ☑ ☐
3. ☑ ☐
4. ☑ ☐
5. ☐ ☑
6. ☐ ☑
7. ☑ ☐
8. ☑ ☐

Symbolverzeichnis

Symbol	Erläuterung
$\mathbb{N}$	Menge der natürlichen Zahlen
$\mathbb{N}_0$	Menge der natürlichen Zahlen inkl. der Null
$\mathbb{Z}$	Menge der ganzen Zahlen
$\mathbb{Q}$	Menge der rationalen Zahlen
$\mathbb{R}$	Menge der reellen Zahlen
$\mathbb{R}^*$	Menge der natürlichen Zahlen ohne die Null
$\mathbb{C}$	Menge der komplexen Zahlen
$\mathbb{K}$	Menge $\mathbb{R}$ oder $\mathbb{C}$
LGS	Lineare:s Gleichungssystem:e
$\det(\mathcal{A})$	Determinante einer Matrix $\mathcal{A}$
$\mathrm{rg}(\mathcal{A})$	Rang einer Matrix $\mathcal{A}$
$\Leftrightarrow$	„genau dann, wenn“
$\Rightarrow$	„so folgt“
$\mathrm{Cof}(\mathcal{A})$	Kofaktormatrix einer Matrix $\mathcal{A}$
$\mathrm{GL}(n)$	„General Linear Goup“ (allgemeine lineare Gruppe)
$\mathrm{ad}(\mathcal{A})$	Adjunkte einer Matrix $\mathcal{A}$
$\vec{a}_i$	i-ter Zeilenvektor
$\vec{a}^j$	j-ter Spaltenvektor
$\vec{x}^T$	zu $\vec{x}$ transponierter Vektor
$\forall$	„für alle“
$\mathrm{sign}(\sigma)$	Vorzeichen der Permutation σ
sgn	Signumfunktion
$\mathrm{Hom}(V, W)$	Menge der Homomorphismen von V nach W
$\mathrm{End}(V)$	Menge der Endomorphismen auf V
$\mathrm{spur}(\mathcal{A})$	Spur einer Matrix $\mathcal{A}$
$p_{\mathcal{A}}(\lambda)$	das charakteristische Polynom einer Matrix $\mathcal{A}$
$\sigma(T)$	Menge der Eigenwerte zur linearen Abbildung T

G. Schlüchtermann und N. Mahnke, *Basiswissen Ingenieurmathematik Band 3*, https://doi.org/10.1007/978-3-658-39600-8

Symbol	Erläuterung
$\mathrm{Eig}(T, \lambda)$	Eigenraum der linearen Abbildung T zum Eigenwert λ
$\mathrm{Eig}(\mathcal{A}, \lambda)$	Eigenraum der Matrix $\mathcal{A}$ zum Eigenwert λ
$\mathrm{span}(V)$	Spann von V
$\mathrm{id}(V)$	Identität auf V
$\mathrm{Ker}(T)$	Kern der linearen Abbildung T
$\mathrm{Im}(T)$	Bild der linearen Abbildung T
$\oplus$	direkte Summe
$\mathcal{E}_n$	Einheitsmatrix
$\mathcal{N}$, $\mathcal{O}$	Nullmatrixsymbole
$\mathrm{O}(n)$	Menge der orthogonalen Matrizen
$\mathrm{U}(n)$	Menge der unitären Matrizen
$\mathrm{SO}(n)$	spezielle orthogonale Gruppe
$\perp$	orthogonal
$M^{\perp}$	orthogonales Komplement zur Menge M
V^*	Dualraum zu V
V^{**}	Bidual zu V
$\dim(V)$	Dimension von V
W^c	Komplementärraum zu $W^{\perp}$
T^*	adjungierte Abbildung zu T
$\langle \cdot , \cdot \rangle_V$	Skalarprodukt (hermitesche Form) auf V
$\circ$	Verkettung von Abbildungen
ℓ_2	Menge quadratisch summierbarer Folgen
c_{00}	Menge der Folgen: fast alle Folgeglieder gleich Null
ONB	Orthonormalbasis
$\mathcal{A}^T$	zu $\mathcal{A}$ transponierte Matrix
$\mathrm{L}(V)$	Menge der beschränkten Endomorphismen auf V

Literaturverzeichnis

[AHK] Arens, T., Hettlich, F., Karpfinger, Ch., Kockelkorn, U., Lichtenegger, K. und Stachel, H., Mathematik, Spektrum Verlag (2008)

[GAS] Asser, G., Einführung in die mathematische Logik Teil 1, Harry Deutsch Thun Verlag (1983)

[BF] Barner, M. und Flohr, F., Analysis I , W. de Gruyter Verlag (1974)

[Brie1] Brieskorn, E., Lineare Algebra und analytische Geometrie I, Vieweg (1983)

[Brie2] Brieskorn, E., Lineare Algebra und analytische Geometrie II, Vieweg (1985)

[Brie3] Brieskorn, E., Lineare Algebra und analytische Geometrie III, Springer Spektrum (2019)

[EV1] Erven, J. ,Mathematik für Ingenieure, Oldenbourg Verlag (2010)

[Fi1] Fischer, G., Lineare Algebra, Springer Spektrum (2017)

[GER] Gerster, H.D., Aussagenlogik, Mengen, Relationen. divVerlag Franzbecker, Berlin (1998)

[H1] Heuser, H., Lehrbuch der Analysis Teil 1, B.G.Teubner Stuttgart (1993)

[H2] Heuser, H., Lehrbuch der Analysis Teil 2, B.G.Teubner Stuttgart (1990)

[HL1] Henze, N. und Last, G., Mathematik für Wirtschaftsingenieure, Band1, Vieweg Verlag (2004)

G. Schlüchtermann und N. Mahnke, *Basiswissen Ingenieurmathematik Band 3*, https://doi.org/10.1007/978-3-658-39600-8

[HL2] Henze, N. und Last, G. Mathematik für Wirtschaftsingenieure, Band2, Vieweg Verlag (2004)

[Ja1] Jänich, K., Lineare Algebra, Springer (2013)

[Kow] Kowalsky, H.-J., Lineare Algebra, De Gruyter (1977)

[K1] Königsberger, K., Analysis 1, Springer Verlag (1990)

[K2] Königsberger, K., Analysis 2, Springer Verlag (1990)

[PVK1] Precht, M., Voit, K. und Kraft, R. Mathematik 1 für Nichtmathematiker, 7.Auflage, Oldenbourg Verlag (2005)

[PVK2] Precht, M., Voit, K. und Kraft, R. Mathematik 2 für Nichtmathematiker, 7.Auflage, Oldenbourg Verlag (2005)

[Rud] Rudin, W., Analysis, Oldenbourg Verlag (2009)

[SM01] Schlüchtermann G., Mahnke N., Basiswissen Ingenieurmathematik Band 1, 2.Auflage, Springer Vieweg (2021)

[SM02] Schlüchtermann G., Mahnke N., Basiswissen Ingenieurmathematik Band 2, 1.Auflage, Springer Vieweg (2022)

Sachwortverzeichnis

G. Schlüchtermann und N. Mahnke, *Basiswissen Ingenieurmathematik Band 3*, https://doi.org/10.1007/978-3-658-39600-8

GPSR Compliance

The European Union's (EU) General Product Safety Regulation (GPSR) is a set of rules that requires consumer products to be safe and our obligations to ensure this.

If you have any concerns about our products, you can contact us on ProductSafety@springernature.com

In case Publisher is established outside the EU, the EU authorized representative is:

Springer Nature Customer Service Center GmbH
Europaplatz 3
69115 Heidelberg, Germany

Batch number: 10607162

Printed by Printforce, the Netherlands